U0001109

熟成 的 菓子

職人配方大公開，42 款家庭小烤箱也能做出來的
人氣餅乾✕蛋糕捲✕乳酪點心

張為凱・張修銘　著

The Amazing Desserts

目錄
CONTENTS

進入烘焙前

開始之前，先認識本書使用的原料｜8
動手之前，先把工具準備齊全｜18
本書使用材料列表｜22
打發：全蛋打發｜27
打發：打發蛋白霜—濕性發泡｜28
打發：打發蛋白霜—乾性發泡｜29
打發：打發鮮奶油｜30
蛋糕捲捲法｜31

本書使用方式｜7

Chapter 1

餅乾

巧克力擠花貝殼小餅乾 Chocolate Cookie｜**36**

巧克力薄片餅 Chocolate Sandwich Cookie｜**39**

花生奶油酥餅 Peanut Butter Cookie｜**42**

雪球核桃餅 Wedding Cookie｜**44**

墨西哥紅椒餅 Paprika Cookie｜**46**

草莓奶酥花圈餅 Strawberry Puff Pastry Cookie｜**48**

布丁巧克力餅乾 No Bake Chocolate Pudding Tart｜**51**

檸檬樹葉餅乾 Lemon Cookie｜**54**

香草籽餅乾 Vanilla Seeds Cookie｜**56**

車輪杏仁餅乾 Almond Cookie｜**59**

巧克力杏仁餅乾 Chocolate Almond Cookie｜**62**

草莓鑽石餅乾 Strawberry Cookie｜**65**

核桃小西餅 Walnut Cookie｜**68**

蔓越莓餅乾 Cranberry Cookie｜**71**

Chapter 2
蛋糕捲

黃金咖啡蛋糕捲 Golden Coffee Roll Cake | **76**
南洋椰子捲 Coconut Roll Cake | **80**
甜筒蛋糕捲 Chocolate Cone Cake | **84**
芋泥奶凍捲 Taro Milk Jelly Roll Cake | **88**
超人氣水果生乳捲 Fruit Cream Roll Cake | **92**
元寶捲 Golden Ingots Roll Cake | **95**
虎皮蛋糕捲 Tiger Skin Roll Cake | **98**
生乳捲 Fresh Cream Roll Cake | **102**
米蛋糕捲 Rice Powder Roll Cake | **106**
伯爵紅茶蛋糕捲 Earl Grey Tea Roll Cake | **110**
芋頭蛋糕捲 Taro Roll Cake | **114**
咖啡奶凍捲 Coffee Milk Jelly Roll Cake | **118**
泰式奶茶蛋糕捲 Thai Milk Tea Roll Cake | **122**
櫻桃巧克力捲 Cherry Chocolate Roll Cake | **126**

Chapter 3
乳酪點心

鹹乳酪 Salty Cheese Cake | **132**
原味重乳酪 Heavy Cheese Cake | **136**
紐約乳酪條 New York Style Cheese Cake | **140**
奶香乳酪杯 Cheese Cupcake | **144**
白色乳酪塔 Fruit Cheese Tart | **147**
黃金乳酪球 Cheese Ball | **150**
烤乳酪 Chocolate Cheese Tart | **153**
巴斯克乳酪 Basque Cheese Cake | **156**
乳酪斯康 Cheese Scon | **159**
生乳酪蛋糕 No Bake Cheese Cake | **162**
乳酪馬芬 Cheese Muffin | **166**
乳酪瑪德蓮 Cheese Madeleine | **169**
金黃乳酪起司條 Golden Stick Cheese Cake | **172**
乳酪流心塔 Half Baked Cheese Tart | **175**

本書使用方式

・品項名稱與英文名稱

從這裡你可以很清楚地知道品項名稱和約略口味。

・材料分量

品項所需分量，使用者可以從這裡精準備料，裝飾用或油脂則另外標示，更為清楚。

・製作訣竅

品項製作一定要注意的細節和老師們反覆嘗試的經驗談。

・品項作法

仔細的作法說明，使用者不用擔心自己是初學者而失敗。

・作法示意圖

步驟執行前後，配方所會呈現的狀態，與作法文字說明相對應，方便使用者查找。

◎本書記載的烤箱溫度、時間都僅是建議值，實際需求依模具尺寸與烤箱機型而異，所以請視情況適度調整。

◎本書建議的烤箱溫度分為上／下火，若家中烤箱無法分上下火調整，請參考用上火溫度。

開始之前，
先認識本書使用的原料

烘焙需要的原料其實非常多元，端看烘焙種類而定。本書使用的原料都可以在材料行輕鬆購得，為了方便烘焙新手瞭解材料質地，這裡儘可能放大圖片讓讀者可以看出這些材料間的質地異同。

牛奶

無糖優格

芋泥餡

煉乳

濃縮奶水

動物性鮮奶油

奶類

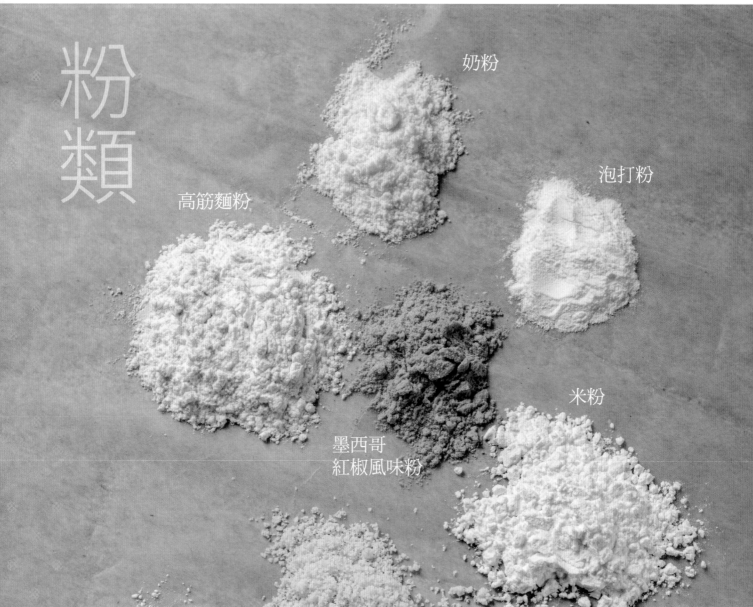

粉
類

奶粉

泡打粉

高筋麵粉

墨西哥
紅椒風味粉

米粉

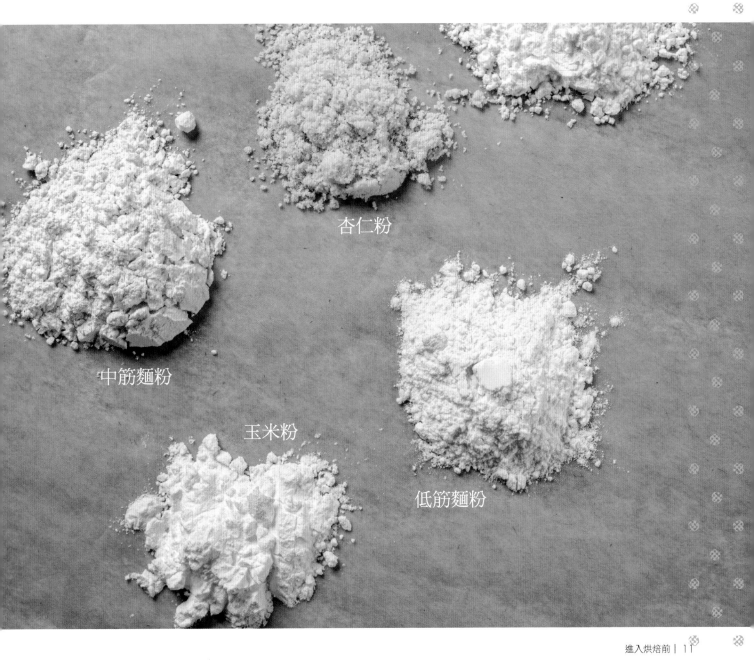

杏仁粉

中筋麵粉

玉米粉

低筋麵粉

乳酪

馬士卡邦乳酪

帕瑪森起司粉

卡士達粉

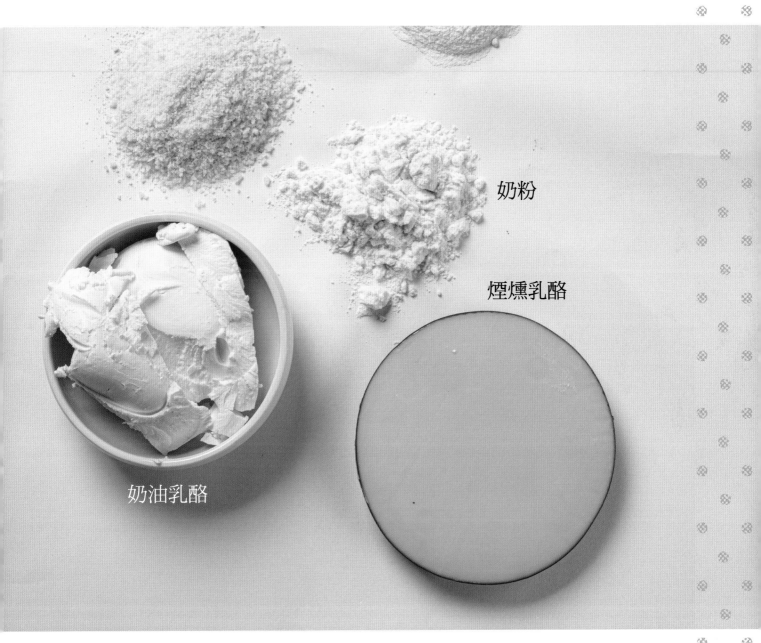

奶粉

煙燻乳酪

奶油乳酪

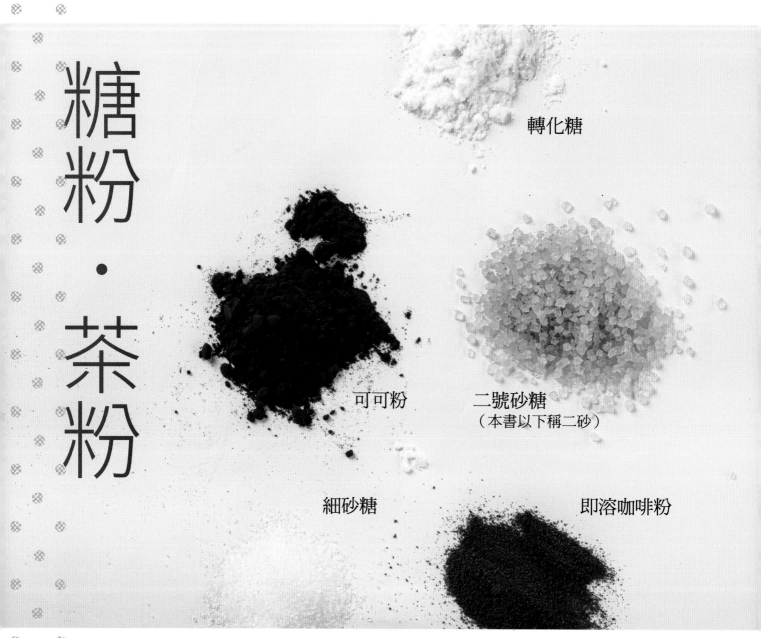

糖粉・茶粉

轉化糖

可可粉

二號砂糖
（本書以下稱二砂）

細砂糖

即溶咖啡粉

粗粒花生粉

糖粉

泰式奶茶粉

伯爵茶粉

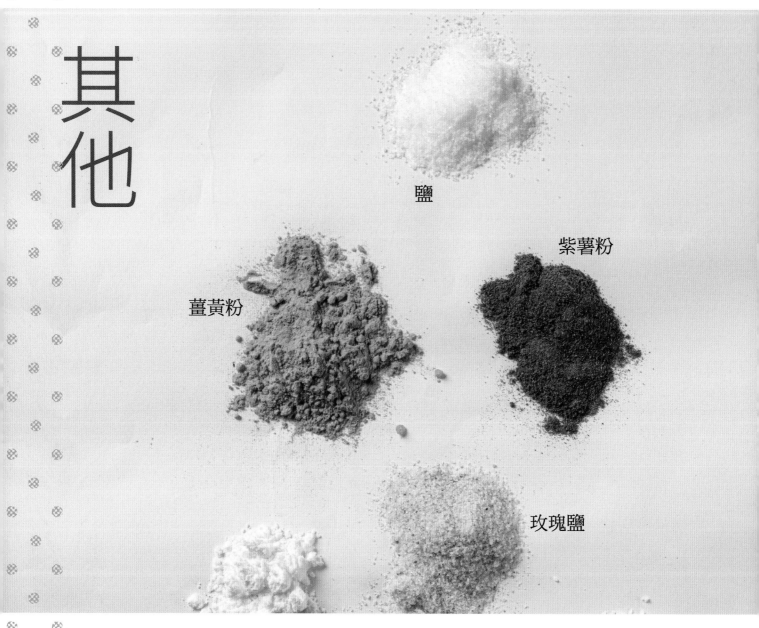

其他

鹽

紫薯粉

薑黃粉

玫瑰鹽

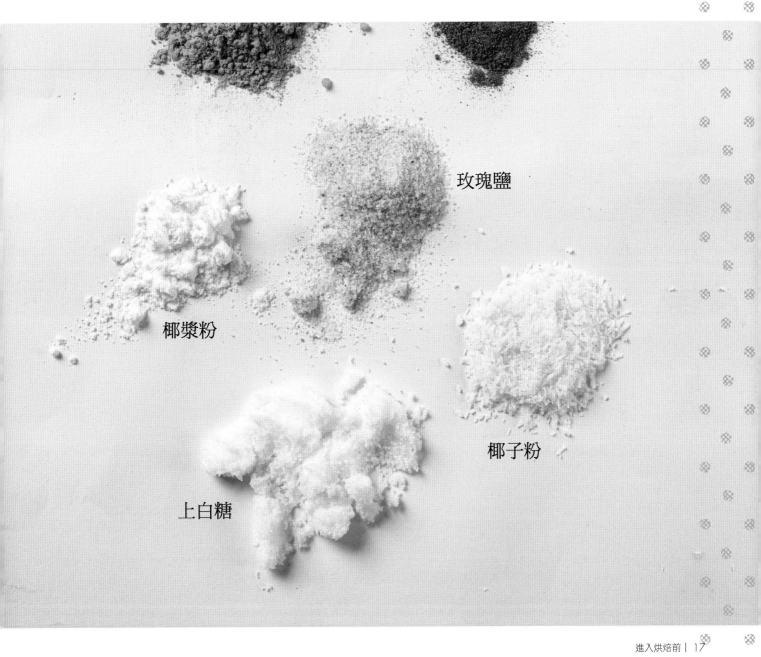

玫瑰鹽

椰漿粉

椰子粉

上白糖

動手之前，先把工具準備齊全

烘焙所需要的工具端視烘焙品項種類而定，有些品項需要耗費時間，也需要較專業的工具。本書的品項定位在家庭烤箱就能做出來的點心，所需工具簡單易找，價格也不會太貴。很適合烘焙新手購入使用。

電動攪拌器

烤箱　　不鏽鋼抹刀

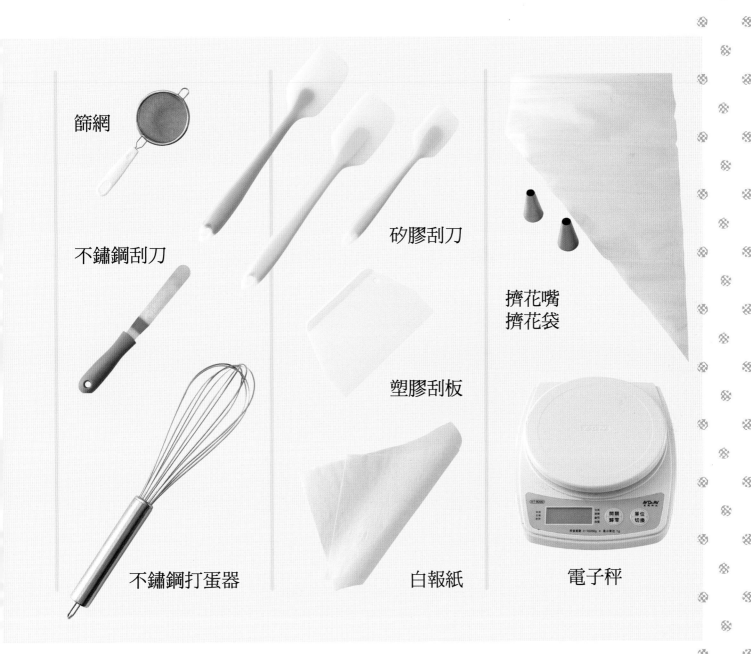

篩網

不鏽鋼刮刀

矽膠刮刀

擠花嘴
擠花袋

塑膠刮板

不鏽鋼打蛋器

白報紙

電子秤

玻璃攪拌盆

單柄簡易煮醬鍋

不鏽鋼攪拌盆

烤盤

烘焙紙

量尺

本書使用
材料列表

吉利丁片

P.53、P.119、P.162

香草莢

P.53

細砂糖

P.53、P.66、P.77、P.81
P.84、P.89、P.93

泰式紅茶葉

P.122

唐寧伯爵茶粉

P.110

熟花生碎粒

P.43

奇福餅乾粉

P.137、P.141、P.162

草莓巧克力

P.49

70% 巧克力

P.39、P.126

55% 調溫巧克力

P.39

可可碎豆

P.39

深黑苦甜巧克力

P.141

杏仁角
P.60、P.84

杏仁果
P.60

薄杏仁片
P.63

生碎核桃
P.45、P.69、P.141

熟白芝麻
P.84

無糖花生醬
P.43、P.96

牛奶糖
P.157

乾燥草莓
P.66

蔓越莓乾
P.72、P.160

酒漬櫻桃
P.149

糖漬柳橙皮
P.160、P.170

新鮮芋頭
P.114

柳橙
P.37

檸檬
P.55、P.93、P.162、P.173、
P.176

香蕉
P.93

新鮮藍莓
P.167

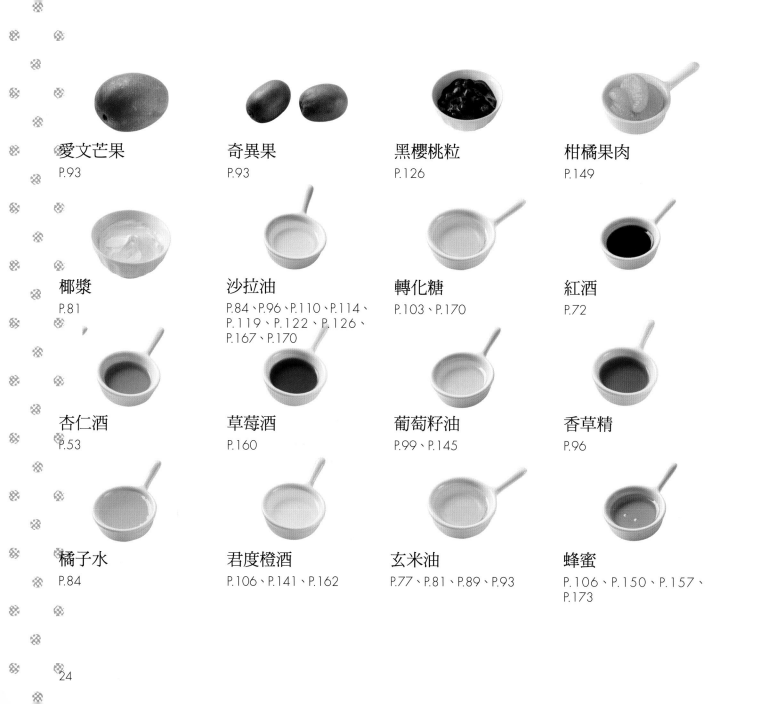

愛文芒果
P.93

奇異果
P.93

黑櫻桃粒
P.126

柑橘果肉
P.149

椰漿
P.81

沙拉油
P.84、P.96、P.110、P.114、
P.119、P.122、P.126、
P.167、P.170

轉化糖
P.103、P.170

紅酒
P.72

杏仁酒
P.53

草莓酒
P.160

葡萄籽油
P.99、P.145

香草精
P.96

橘子水
P.84

君度橙酒
P.106、P.141、P.162

玄米油
P.77、P.81、P.89、P.93

蜂蜜
P.106、P.150、P.157、
P.173

香草醬

P.49、P.157、P.162、
P.170、P.173

鏡面果膠

P.141、P.149、P.154、
P.162

動物性鮮奶油

P.53、P.55、P.89、P.93、
P.96、P.103、P.106、
P.110、P.114、P.119、
P.122、P.126、P.141、
P.145、P.154、P.160、
P.162、P.176

蘭姆酒

P.84、P.99、P.110、P.119、
P.126、P.137、P.150

全蛋

P.37、P.43、P.49、P.55、
P.57、P.60、P.69、P.72、
P.77、P.81、P.99、P.103、
P.106、P.149、P.150、
P.154、P.167、P.170、
P.173、P.176

蛋白

P.10、P.39、P.49、P.60、
P.66、P.77、P.81、P.84、
P.89、P.93、P.96、P.99、
P.110、P.114、P.119、
P.122、P.126、P.132、
P.137、P.141、P.145、
P.149

蛋黃

P.37、P.43、P.53、P.63、
P.66、P.77、P.81、P.84、
P.89、P.93、P.96、P.99、
P.110、P.114、P.119、
P.122、P.126、P.132、
P.137、P.149、P.154、
P.160

發酵奶油

P.37、P.39、P.43、P.45、
P.47、P.49、P.53、P.55、
P.57、P.60、P.63、P.66、
P69、P.72、P.77、P.81、
P.84、P.89、P.93、P.96、
P.99、P.106、P.114、
P.119、P.132、P.137、
P.141、P.149、P.150、
P.154、P.160、P.162、
P.167、P.170、P.173、
P.176

打發

全蛋打發

全蛋打發時隔水提高溫度，可讓全蛋打發變得更容易，但切記不要加熱過頭，否則會容易消泡，甚至變成蛋花湯，導致失敗。

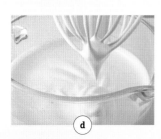

a 以隔 50℃ 水的方式，讓全蛋升溫至 30-35℃。

b 加入糖類材料以高速打發。

c 過程中顏色會漸漸變淡，顏色變白之後轉為中速續打。

d 打至打蛋器上會吸附蛋霜，且不會滴落的狀態即完成。

步驟 **d** 中，轉為中速續打氣泡質地會較細緻，與其他材料拌勻時也較不會消泡。

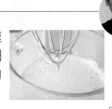

打發蛋白霜
濕性發泡

濕性發泡的蛋白霜穩定度較高，但成品的膨發度較低，因此在本書中多使用於表面需要平整、保有柔順口感的乳酪蛋糕，若要提升成功率，打發時容器及工具都需要在無油、無水的狀態，且最好使用冰過的蛋白。

a 冰鎮過的蛋白與糖放入攪拌盆中。

b 以高速打發，打發至有紋路即可。

c 攪拌器拿起，蛋白霜垂直不滴落即完成。

打發蛋白霜

乾性發泡

使用乾性發泡的蛋白霜，做出來的蛋糕成品膨發度較高，多用於需要蓬鬆口感的蛋糕，若要提升成功率，容器及工具都需要在無油、無水的狀態，且最好使用冰過的蛋白。

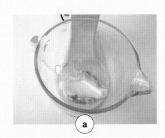

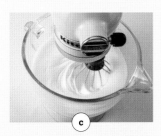

a 取冰鎮過的蛋白，與一半分量的糖放入攪拌盆中。

b 以高速打發至泡沫出現，加入剩餘的糖。

c 打發至有紋路，轉至中速。

d 攪拌器拿起，蛋白霜呈現彎勾，即完成。

打發鮮奶油

以高乳脂（30%以上）的液態動物性鮮奶油加入糖類或者煉乳混和打發，可與其他材料混和作為鮮奶油內餡，也可直接裝飾於點心表面；運用動物性鮮奶油打發的鮮奶油，既吃得到乳脂的香氣，也嚐得出空氣的輕盈感。打發時建議使用冰的鮮奶油，甚至連容器都是冰過的，打出來的效果為最佳。

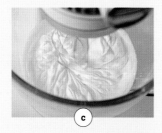

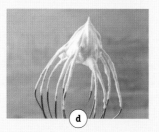

a 動物性鮮奶油與糖類（或煉乳）混和。

b 以中慢速攪打。

c 打發到有點濃稠，會慢速滴落，且用攪拌器在奶油上方畫線條時，紋路不會消失，此時約為五分發，適合使用在慕斯或乳酪蛋糕。

d 繼續打發至舀起時尖端直挺不下垂，即為八至九分發，可用來做蛋糕夾心餡或者擠花裝飾。

蛋糕捲 捲法

蛋糕捲捲法

利用白報紙與較長的擀麵棍，重複進行提起、下壓的動作，一邊將白報紙捲在擀麵棍上，一邊捲起蛋糕捲並下壓定型，便能捲出漂亮的蛋糕捲。在捲之前，於靠近自己這一側約 1/3 處，劃三條不切斷的橫線，以及塗抹內餡時，頭尾處抹薄一點，中央處厚一些，都更有助於輕鬆捲出更好看的弧度。

a　蛋糕出爐、放涼後。

b　取另一烤盤夾住蛋糕體，翻面。

c　翻面後撕去烘焙時鋪在烤盤內的白報紙，鋪上兩張大張的白報紙，再翻面（烘烤面朝上）。

d　蛋糕上塗抹內餡，頭尾處抹薄一點，中央則厚一些。

e　在靠近自己這一側，約 1/3 處，劃三條不切斷的橫線。

f　利用擀麵棍與白報紙，將蛋糕提起。

g　下壓。

h　繼續利用擀麵棍及白報紙續捲。

i　藉由蛋糕本身的重量，捲起蛋糕捲。

j　利用白報紙包覆住捲好的蛋糕捲，擀麵棍稍稍往後收，施力幫助定型。

k　以長尺於下方處加強，收緊白報紙。

l　黏上膠帶固定，即可放入冰箱冷藏。

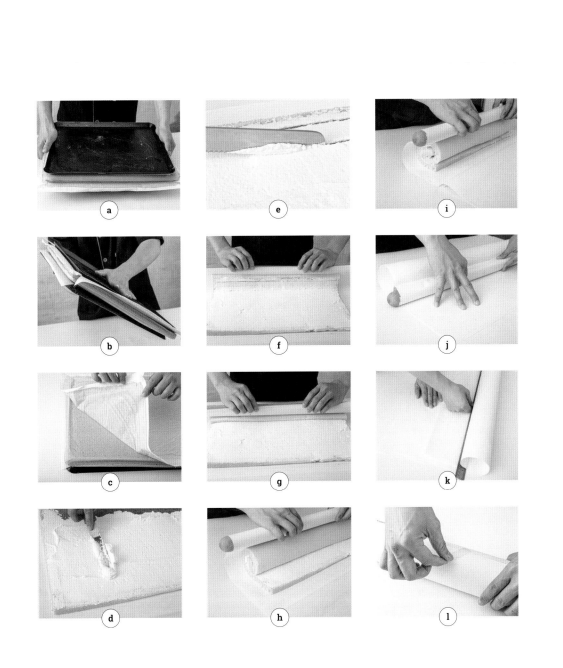

Chapter 1

餅 乾

手工餅乾因為用料實在，所以通常售價都不會太便宜，
但老絲和老C要告訴各位，料好味美又健康的手工餅
乾，其實是最容易入門的烘焙品項，也是失敗率很低、
用家庭烤箱就能簡單做出來、送禮自用兩相宜的好點
心喔。

巧克力擠花貝殼小餅乾
Chocolate Cookie

造型可愛的擠花餅乾

很適合當成 party 餐前小點

分量

約 60-65 個

麵糰

發酵奶油…115g

糖粉…55g

柳橙皮…半顆

鹽…0.5g

蛋黃…35g

全蛋…35g

杏仁粉…40g

低筋麵粉…110g

可可粉…20g

裝飾

55%調溫巧克力…
少許

a 發酵奶油置於室溫成
美乃滋狀，再攪拌至
柔軟光滑。

b 加入糖粉、柳橙皮、
鹽拌勻。

c 加入蛋黃、全蛋拌
勻。

d 加入杏仁粉、低筋麵
粉、可可粉拌勻成為
巧克力麵糰。

e 麵糰放入擠花袋中，以 sn7093 花嘴擠入烤盤。

f 放進預熱好的烤箱，以上火 150-170℃／下火 150℃烤 30-35 分鐘，出爐後放涼備用。

g 製作調溫巧克力，將巧克力隔水加熱，升溫至 50℃，降溫至 27℃，再升溫至 30℃。

h 將冷卻的巧克力餅乾尖端斜斜放進調溫巧克力，尖端沾上巧克力後靜置凝固即完成。

● 發酵奶油可靜置軟化，也可微波至柔軟狀態，由於各家微波爐功率強度不同，可每次 5-10 秒，多試幾次。

● 製作餅乾時，發酵奶油要完全軟化，太軟（過於融化）或者太硬都會無法成糰，容易失敗。

e

f

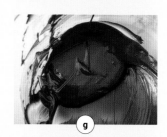
g

h

巧克力薄片餅
Chocolate Sandwich Cookie

材料

分量

約 70 片，35 組

麵糰

發酵奶油…80g

糖粉…100 g

鹽…0.5 g

70%巧克力…15 g

蛋白…80 g

杏仁粉…15 g

低筋麵粉…60 g

可可粉…20 g

55%調溫巧克力

…少許

可可碎豆…少許

作法

a 將 70%巧克力微波至溶化備用。

b 發酵奶油置於室溫，加入糖粉、鹽拌勻。

c 加入融化的巧克力、蛋白拌勻。

d 加入杏仁粉、低筋麵粉、可可粉，拌勻
成為麵糰。

a

b

c

d

日本大名鼎鼎的戀人餅乾也能在家自己動手作喔

e 四方壓克力模置於烤盤，擠入麵糊後以抹刀抹平。

f 移除壓克力模，在抹平的巧克力麵糰上撒上少許可可碎豆，一組兩片夾心，上片撒豆，下片不撒。

g 放進預熱好的烤箱，以上火 180℃／下火 150℃烤 30-35 分鐘。

h 出爐，放涼後將下片翻面，擠上 55％調溫巧克力，再擺上上片即完成。

調溫巧克力作法請參考 P.38【巧克力擠花貝殼小餅乾】步驟 **g**。

e

f

g

h

花生奶油酥餅
Peanut Butter Cookie

每天下午來一兩塊奶油酥餅充電又飽足

分量
約 24 個

麵糰

發酵奶油…90g

糖粉…80g

鹽…0.5g

全蛋…50g

無糖花生醬…80g

熟花生碎粒…50g

杏仁粉…10g

低筋麵粉…140g

a 發酵奶油置於室溫至尚未融化的程度，並攪拌至柔軟光滑。

b 加入糖粉、鹽拌勻。

c 加入全蛋、花生醬、花生碎粒拌勻。

d 加入杏仁粉、低筋麵粉，拌勻成為花生奶油麵糰。

e 隔著塑膠袋將麵糰壓平，放入冰箱冷藏 1 小時至冰硬。

f 取約 20g 的麵糰，搓圓排列於烤盤。

g 放進預熱好的烤箱，以上火 180℃／下火 150℃烤 30-35 分鐘。出爐後放涼即完成。

a

e

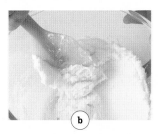
b

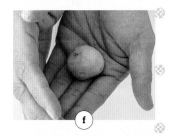
f

c

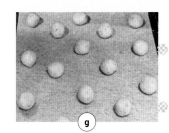
g

d

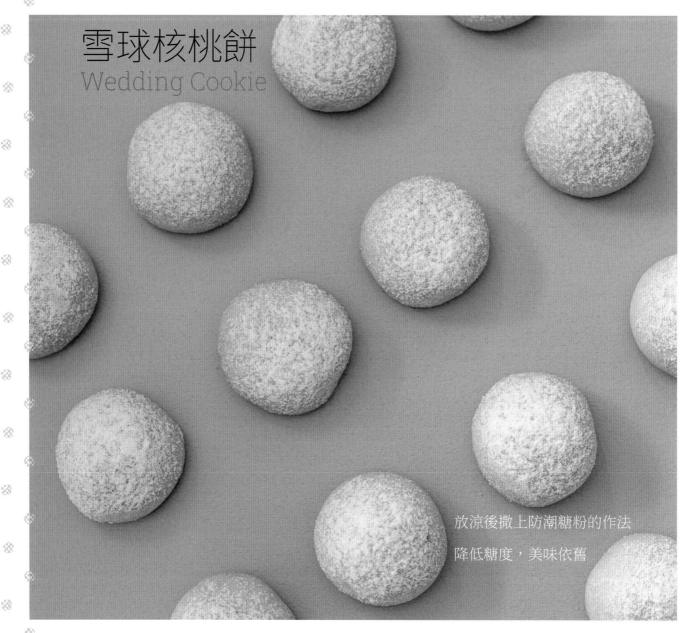

雪球核桃餅
Wedding Cookie

放涼後撒上防潮糖粉的作法

降低糖度，美味依舊

材料

分量
約 23 個

麵糰
發酵奶油…120g
糖粉…40g
鹽…0.5g
杏仁粉…65g
低筋麵粉…140g
碎核桃…少許

裝飾
防潮糖粉…少許

作法

a 杏仁粉、低筋麵粉、核桃置於烤盤，以上火 180℃／下火 150℃烤 15-20 分鐘，備用。

b 發酵奶油置於室溫，加入糖粉、鹽拌勻。

c 加入低筋麵粉、杏仁粉拌勻成糰，放入冰箱冷藏 30 分鐘至冰硬。

d 取約 15g 的麵糰，滾圓。

e 中央按壓小洞。

f 放入核桃碎包覆後再次滾圓，排列於烤盤。

g 放進預熱好的烤箱，以上火 150℃／下火 150℃烤 30-35 分鐘。

h 出爐後放涼，均勻撒上防潮糖粉即完成。

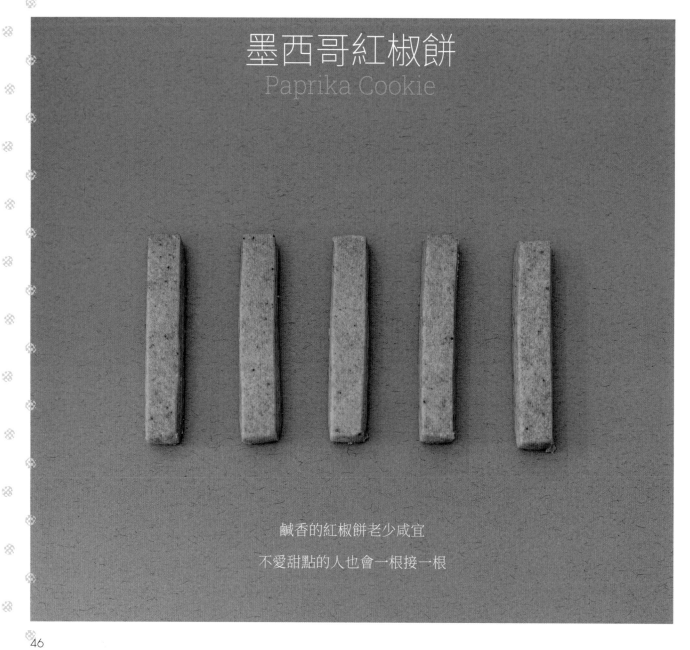

墨西哥紅椒餅
Paprika Cookie

鹹香的紅椒餅老少咸宜

不愛甜點的人也會一根接一根

分量

約 50-54 個

麵糰

發酵奶油…100g
糖粉…40g
鹽…2g

低筋麵粉…150g
杏仁粉…20g
帕馬森起士粉…10g
墨西哥紅椒風味粉…15g

作法

a 發酵奶油置於室溫。

b 加入糖粉、鹽攪拌均勻。

c 加入杏仁粉、低筋麵粉、帕馬森起士粉、墨西哥紅椒風味粉。

d 將步驟 **c** 拌勻成糰。

e 檯面上鋪耐熱塑膠袋，取 1cm 鐵條置於兩側，將麵糰桿為 18×18cm，高 1cm 的方形，並置入冰箱冷凍 1 小時至冰硬。

f 將冰硬的麵糰修邊、切為 6×1cm 的條狀。

g 排列於烤盤，放進預熱好的烤箱，以上火 160℃／下火 130℃烤 20-25 分鐘。

h 出爐，放涼即完成。

桿壓麵糰時，可在檯面上鋪耐熱塑膠袋，避免麵糰沾黏於檯面導致失敗。

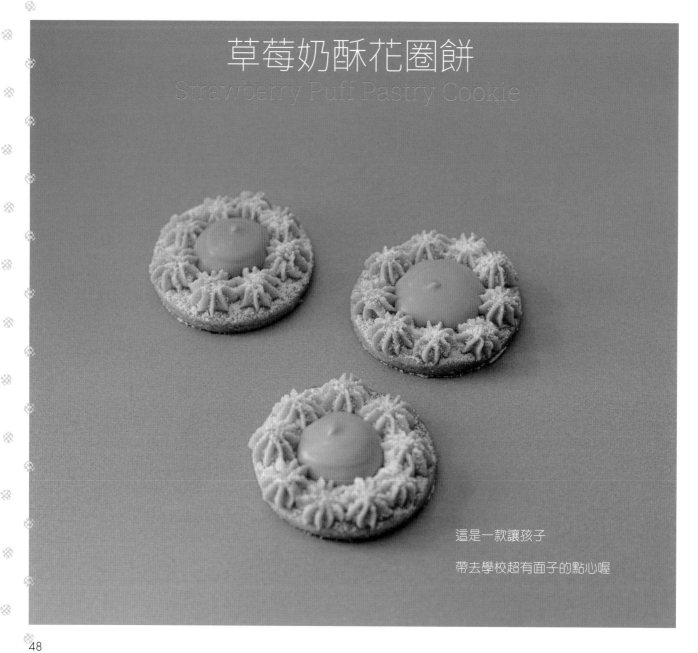

草莓奶酥花圈餅
Strawberry Puff Pastry Cookie

這是一款讓孩子

帶去學校超有面子的點心喔

分量

約 25-28 個

桿壓麵糰

發酵奶油…100g

糖粉…80g

全蛋…50g

香草醬…少許

低筋麵粉…220g

杏仁粉…20g

擠出麵糰

發酵奶油…45g

糖粉…25g

蛋白…10g

香草醬…少許

低筋麵粉…70g

裝飾

防潮糖粉…適量

草莓巧克力…200g

a 製作擀壓麵糰：發酵奶油置於室溫，或微波至軟化的程度，加入糖粉拌勻。

b 加入全蛋、香草醬拌勻。

c 加入低筋麵粉、杏仁粉拌勻成糰。

d 檯面上鋪耐熱塑膠袋，取 4mm 鐵條置於兩側，將麵糰桿為 0.4cm 高，並置入冰箱冷凍 1 小時至冰硬。

e 以直徑 5cm 圓型模具壓模，成為直徑 5cm，高 0.4cm 的圓形，排列於烤盤備用。

f 製作擠出麵糰：發酵奶油置於室溫，加入糖粉拌勻。

g 加入蛋白、香草醬拌勻。

h 加入低筋麵粉拌勻後，置入擠花袋。

a

e

b

f

c

g

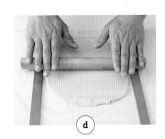
d

h

i 以貝殼花嘴擠於圓形麵糰表面邊緣，順著圓周排列。

j 放進預熱好的烤箱，以上火 180℃／下火 150℃ 烤至金黃色約 25-30 分鐘。

k 烤至一半，取出以叉子在底層麵糰上戳洞，再擺回去續烤。

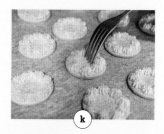

l 出爐，放涼後撒上防潮糖粉。

m 草莓巧克力隔水加熱 50℃ 溶解，以擠花袋擠於餅乾中央部位，靜置凝固即完成。

- 桿壓麵糰時，可撒高筋麵粉當手粉，避免沾黏，或於麵糰上方再鋪一層耐熱塑膠袋，更防沾黏。
- 製作擠出麵糰時，發酵奶油可稍微融軟一點，方便擠出作業。

布丁巧克力餅乾
No Bake Chocolate Pudding Tart

布丁和巧克力非常搭

相信嚐過的人都懂

分量

約12個

餅乾麵糰

發酵奶油⋯120g

糖粉⋯75g

蛋黃⋯18g

杏仁酒⋯6g

可可粉⋯15g

常溫低筋麵粉⋯92g

免烤布丁

鮮奶⋯80g

動物性鮮奶油⋯90g

香草莢⋯1/4 支

細砂糖⋯10g

海藻糖⋯28g

蛋黃⋯50g

吉利丁片⋯3g

a 吉利丁片以冰水浸泡約半小時至軟，備用。

b 製作餅乾麵糰：發酵奶油置於室溫加入糖粉、蛋黃、杏仁酒、可可粉、低筋麵粉拌勻成麵糰。

c 將麵糰放入擠花袋中。

d 以1cm平口花嘴將麵糊擠入直徑6.5cm、高2cm的葡式蛋塔模內，每個擠入約25g。

e 取小湯匙由中間往外將麵糰推平。

f 排列於烤盤，放進預熱好的烤箱，以上火160℃／下火140℃烤20-30分鐘。出爐後放涼備用。

g 製作免烤布丁：細砂糖、海藻糖及蛋黃拌勻備用。

h 鮮奶、動物性鮮奶油及香草莢入鍋煮滾。

i 煮滾的鮮奶及動物性鮮奶油沖入步驟 **g** 的蛋黃糊內，並以小火攪拌回煮，至泡沫消失。

免烤布丁糊流動性高，放入擠花袋後可以橡皮筋束緊袋口，較不易溢出。

j 熄火，加入泡軟的吉利丁片

k 攪拌至吉利丁片融化後過篩。

l 降溫至手可碰觸的溫度，放入擠花袋，擠入烤好的餅乾內，放入冰箱冷藏至布丁凝固即完成。

檸檬樹葉餅乾
Lemon Cookie

檸檬香配上樹葉造型
吃一口彷彿置身大自然

分量

約 60-65 個

麵糰

發酵奶油…72g

糖粉…56g

檸檬皮…半顆

全蛋…40g

動物性鮮奶油…6g

低筋麵粉…120g

杏仁粉…40g

a　發酵奶油置於室溫。

b　加入糖粉、檸檬皮拌勻。

c　加入全蛋、動物性鮮奶油拌勻。

d　加入低筋麵粉、杏仁粉拌勻成糰。

e　將麵糰放入擠花袋，以三能 sn7058 齒狀花嘴擠入烤盤，每個間隔 2cm。

f　放進預熱好的烤箱，以上火 180℃／下火 150℃烤至金黃色約 25-30 分鐘。

g　出爐，放涼即可食用。

- 削檸檬皮時要注意不要削到白色的部分，否則會產生苦味。
- 樹葉形狀為三能 sn7058 齒狀花嘴擠出來的形狀，若沒有這種花嘴，也可以其他花嘴替代，擠出不同的形狀。

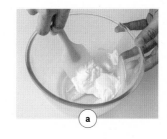

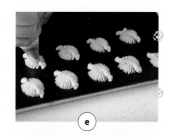

香草籽餅乾
Vanilla Seeds Cookie

吃得到香草香氣和香草籽香的

實在餅乾真心不騙

材料

分量

約 40-44 個

麵糰

發酵奶油…150g

鹽…1g

糖粉…80g

全蛋…30g

冷凍低筋麵粉
…200g

香草莢…1 支

裝飾

香草糖…適量

作法

a 發酵奶油置於室溫。

b 以刀背刮下香草莢上的香草籽,加入奶油中拌勻。

c 加入鹽、糖粉、全蛋、低筋麵粉拌勻成糰。

d 檯面撒上些許手粉,將麵糰在檯面上摔幾下。將麵糰對分為二,分別搓成直徑3.5cm,長 22cm 的圓柱狀。

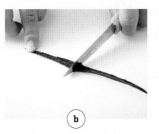

f 在外層裹上香草糖，以烘焙紙捲起，放入冰箱冷凍 30 分鐘。

g 切掉頭尾不規則處，再切成 1cm 厚的片狀。

h 排列於烤盤，放進預熱好的烤箱，以上火 160℃／下火 140℃烤 20-30 分鐘。

i 出爐，放涼即完成。

將刮去籽的香草莢放入裝砂糖的容器中，讓糖帶有香草香氣，即成為香草糖，可在平時使用過香草莢後先製作備用。

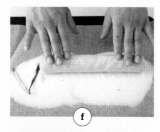
f

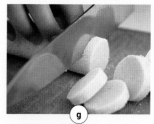
g

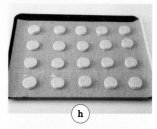
h

i

車輪杏仁餅乾
Almond Cookie

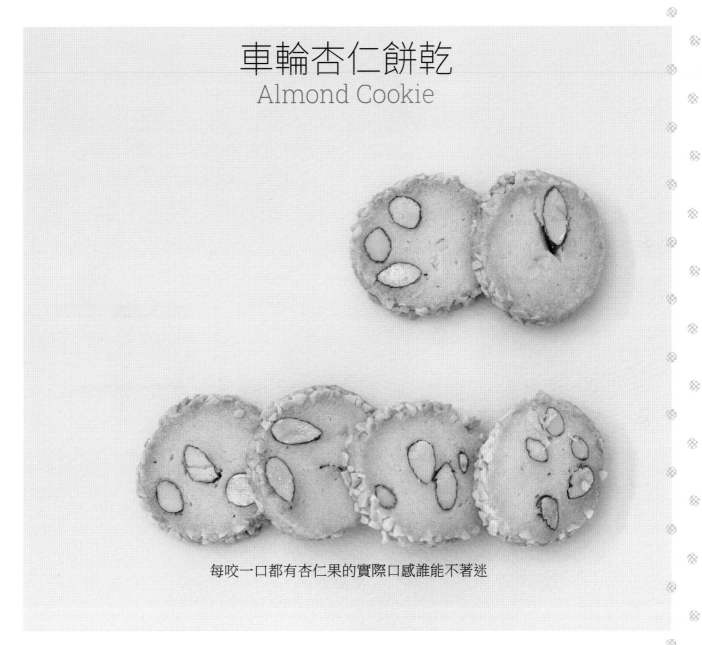

每咬一口都有杏仁果的實際口感誰能不著迷

分量
約 26-30 個

麵糰
發酵奶油…120g
糖粉…40g
全蛋…24g
冷凍低筋麵粉
…160g
奶粉…15g
杏仁果…60g

裝飾
杏仁角…50g
蛋白…10g

a 將杏仁果置於烤盤，以上火 150℃／下火 150℃烤 15-20 分鐘，成為半熟杏仁果，放涼備用。

b 發酵奶油置於室溫，加入糖粉、全蛋、低筋麵粉、奶粉及半熟杏仁拌勻成糰。

c 檯面上撒些許手粉，麵糰在檯面上摔幾下後，將麵糰對分為二，分別整型搓成直徑 4cm，長 15cm 的圓柱狀。

d 在外刷上蛋白。

e 滾上杏仁角。

f 以烘焙紙捲起，放入冰箱冷凍 30 分鐘。

g 切掉頭尾不規則處，再切成 1cm 厚的片狀。排列於烤盤，放進預熱好的烤箱，以上火 160℃／下火 140℃烤 20-30 分鐘。

h 烤至杏仁角上色，出爐，放涼即完成。

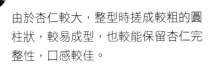

由於杏仁較大，整型時搓成較粗的圓柱狀，較易成型，也較能保留杏仁完整性，口感較佳。

a

b

c

d

e

f

g

h

巧克力杏仁餅乾
Chocolate Almond Cookie

請原諒我貪心

希望咬一口就可擁有

可可、杏仁、白芝麻的香氣

分量
約 36-40 個

裝飾
白芝麻…50g

麵糰
發酵奶油…145g
糖粉…80g
蛋黃…25g
冷凍低筋麵粉…180g
可可粉…12g
薄生杏仁片…100g

a 將白芝麻置於烤盤,以上火 150℃／下火 150℃烤 10-15 分鐘,放涼備用。

b 發酵奶油置於室溫。

c 加入糖粉、蛋黃、低筋麵粉、可可粉攪拌。

d 攪拌至一半時加入杏仁片,繼續拌勻成糰。

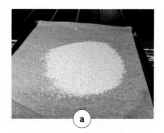

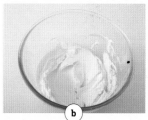

e 檯面上撒些許高筋手粉，麵糰在檯面上摔幾下後，將麵糰對分為二，分別整型搓成直徑 4cm，長 20cm 的圓柱狀。

f 外側滾上烤好的白芝麻，以烘焙紙捲起，放入冰箱冷凍 30 分鐘。

g 切掉頭尾不規則處，再切成 1cm 厚的片狀。排列於烤盤，放進預熱好的烤箱，以上火 160℃／下火 140℃ 烤 20-30 分鐘。

h 烤至白芝麻上色，出爐，放涼即完成。

杏仁片較薄，在麵糰快要拌好時再加入，較不易過碎。

草莓鑽石餅乾
Strawberry Cookie

貴婦才能吃的餅乾

吃的時候別忘了把小指頭翹起來並配上上等紅茶

分量
約 40-44 個

麵糰
發酵奶油…170g
糖粉…85g
蛋黃…8g
冷凍低筋麵粉
…210g
乾燥草莓…16g

裝飾
蛋白…20g
細砂糖…適量

a 乾燥草莓切成碎粒備用。

b 發酵奶油置於室溫，加入糖粉、蛋黃、低筋麵粉、乾燥草莓碎粒拌勻成糰。

c 檯面上撒些許高筋手粉，麵糰在檯面上摔幾下後，將麵糰對分為二，分別整型搓成直徑 3cm，長 22cm 的圓柱狀。

d 在外側刷上蛋白。

e 裹上細砂糖，以烘焙紙捲起，放入冰箱冷凍 30 分鐘。

f 切掉頭尾不規則處，再切成 1cm 厚的片狀。

g 排列於烤盤，放進預熱好的烤箱，以上火140℃／下火130℃烤25-30分鐘。出爐，放涼即完成。

- 刷蛋白讓砂糖可在表面形成結晶，
  較不會在烘烤時融化。
- 將烤溫降低並增加烘烤的時間，可
  避免過度上色，才不會黑黑的，影
  響美觀。

核桃小西餅
Walnut Cookie

這款餅乾很樸素但超級有飽足感

分量
約 24-28 個

麵糰
發酵奶油…95g
糖粉…57g
全蛋…15g
奶粉…10g
泡打粉…3g
冷凍低筋麵粉
…150g
1/8 生碎核桃…50g

作法

a 將 1/8 核桃置於烤盤，以上火 150℃／下火 150℃ 烤 10-15 分鐘，成為半熟核桃，放涼備用。

b 發酵奶油置於室溫。

c 加入糖粉、全蛋、奶粉、低筋麵粉攪拌均勻。

d 攪拌至快完成時加入半熟核桃，繼續拌勻成糰。

a

b

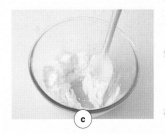
c

d

作法

e 檯面上撒些許高筋手粉，麵糰在檯面上摔幾下後，將麵糰對分為二，分別整型搓成直徑 4cm，長 14cm 的圓柱狀。

f 以烘焙紙捲起，放入冰箱冷凍 30 分鐘。

g 切掉頭尾不規則處，再切成 1cm 厚的片狀。排列於烤盤，放進預熱好的烤箱，以上火 160℃／下火 140℃ 烤 20-30 分鐘。

h 出爐，放涼即完成。

e

f

g

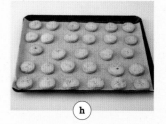
h

製作冰切餅乾，在切的時候下刀要快，不然容易切成橢圓形。

蔓越莓餅乾
Cranberry Cookie

愛吃酸甜酸甜滋味的人絕不能錯過這個品項

材料

分量
約 42-46 個

麵糰
發酵奶油…110g
糖粉…110g
全蛋 90g
冷凍高筋麵粉
…170g
冷凍低筋麵粉
…110g
泡打粉…3g
酒漬蔓越莓乾…60g

酒漬蔓越莓乾
蔓越莓乾…40g
紅酒…30g

作法

a 發酵奶油置於室溫，加入糖粉、全蛋拌勻。

b 加入高筋麵粉、低筋麵粉、泡打粉攪拌。

c 攪拌至快完成時加入酒漬蔓越莓乾，繼續拌勻成糰。

d 檯面上撒些許高筋手粉，麵糰在檯面上摔幾下後，將麵糰對分為二，分別整型搓成直徑 4cm，長 23cm 的圓柱狀。

e 以烘焙紙捲起，放入冰箱冷凍 30 分鐘。

f 切掉頭尾不規則處，再切成 1cm 厚的片狀。

g 排列於烤盤，放進預熱好的烤箱，以上火 160℃／下火 140℃烤 20-30 分鐘。

h 出爐，放涼即完成。

- 酒漬蔓越莓乾作法：將紅酒與蔓越莓乾入鍋，煮至收汁，備用。
- 若切得不夠圓，可以虎口稍做修飾。

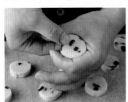

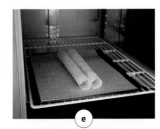
a

b

c

d

e

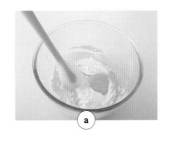
f

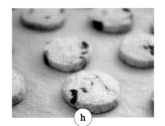
g

h

Chapter 2

蛋 糕 捲

蛋糕捲除了蛋糕體可以有許多不同的口感變化外,外皮和表面裝飾也能夠讓每個人發揮想像力和創作力,更不用說可百變的可口內餡,總是令人吮指回味無窮。製作蛋糕捲有一些技法和訣竅,可以讓初學者也能順利完成、不破皮、不露餡。兩位老師在本書中將不藏私告訴大家最值得學起來的蛋糕捲技法。

黃金咖啡蛋糕捲
Golden Coffee Roll Cake

下午茶的成人滋味非它莫屬

分量

1 捲

咖啡蛋糕

蛋白… 266g

細砂糖… 149g

80℃熱水… 78g

咖啡粉… 17g

玄米油… 111g

低筋麵粉… 111g

蛋黃… 128g

金皮

全蛋… 27g

蛋黃… 150g

細砂糖… 10g

低筋麵粉… 13g

玉米粉… 4g

白奶油霜

發酵奶油… 143g

純糖粉… 30g

煉乳… 30g

製作咖啡蛋糕

a 烤箱預熱。80℃熱水加入咖啡粉中拌勻後，加入玄米油拌勻。

b 加入低筋麵粉拌勻。

c 蛋黃隔水加熱至35℃後加入拌勻。

d 蛋白與細砂糖打至乾性發泡（見P.29打發蛋白霜—乾性發泡），取1/3打發蛋白加入蛋黃糊中拌勻。

a

b

c

d

e 再將打發蛋白與蛋黃糊全部混和均勻。

f 倒入 42×34×3.5cm 鋪好烘焙紙的烤盤中,抹平表面。

g 在桌面上敲一下後,放入預熱好的烤箱,以上火 200℃／下火 120℃ 烤 10-15分鐘,轉盤調頭後以上火 150℃／下火 120℃續烤 10-15 分鐘。

h 烤至上色、蛋糕體邊邊離模便是熟了,出爐後放涼備用。

製作金皮

i 烤箱預熱。全蛋、蛋黃、細砂糖以高速打發至體積三倍大。

j 加入低筋麵粉、玉米粉,攪拌均勻。

k 麵糊倒入 40×30×1.5cm 烤盤中,抹平後放入烤箱中層,以上火 230℃／下火 150℃烤約 4-5 分鐘。

l 出爐後立即離盤,放涼備用。

製作白奶油霜

m 發酵奶油、純糖粉、煉乳一同打發至三倍體積大。

組合

n 金皮背面朝上,放在白報紙上,取 1/2（約 90g）白奶油霜均勻塗抹於金皮背面。

o 將咖啡蛋糕平鋪於抹好白奶油霜的金皮上面,約預留 3cm 的金皮不要重疊。

p 將剩下的白奶油霜均勻塗抹於咖啡蛋糕上。

q 利用擀麵棍將蛋糕捲起（蛋糕捲捲法請見 P.31）,放置冰箱冷藏 1 小時。

r 以鋸齒蛋糕刀切去頭尾,切片即完成。

南洋椰子捲
Coconut Roll Cake

椰子香味發威

每咬一口都有東南亞風情

材料

分量
1 捲

蛋糕
蛋白…300g
細砂糖…150g
椰漿…90g
玄米油…50g
發酵奶油…65g
低筋麵粉…150g
椰漿粉…15g
蛋黃…120g
全蛋…65g
椰子粉…15g

椰子香酥餡
細砂糖…42g
無水奶油…42g
蛋黃…12g
全蛋…75g
椰子粉…105g

蛋醬
蛋黃…33g
糖粉…20g
沙拉油…76g

蜂蜜…少許

作法

製作蛋糕

a 在小鍋內放入椰漿、玄米油、發酵奶油。

b 烤箱預熱。椰漿、玄米油、發酵奶油煮至65℃，拌勻。

c 離火後加入低筋麵粉、椰漿粉拌勻。

d 全蛋、蛋黃隔水加熱至35℃後加入步驟 **c** 拌勻。

a

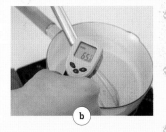

b

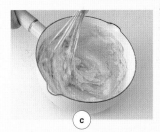

c

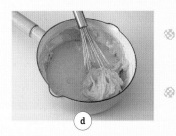

d

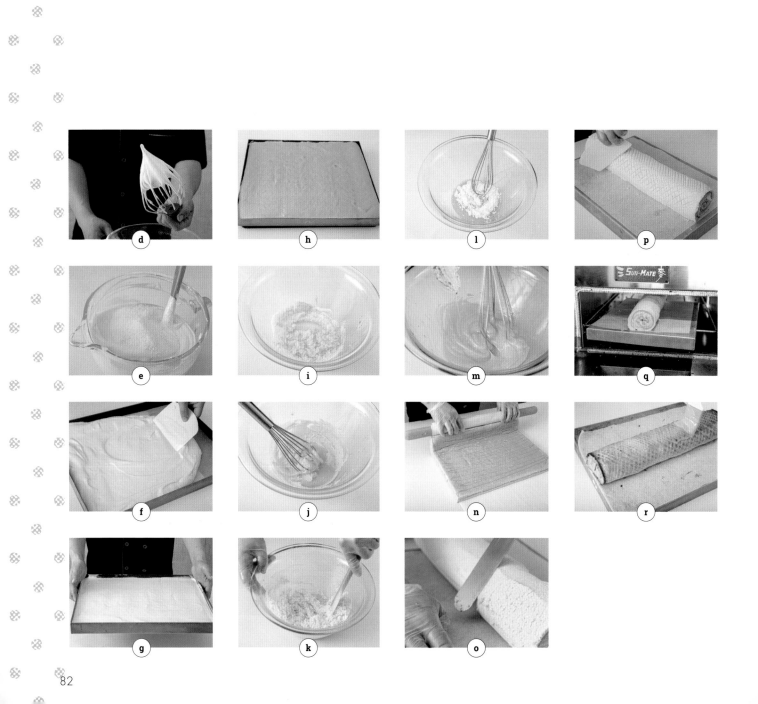

d 蛋白與細砂糖打至乾性發泡（見 P.29 打發蛋白霜—乾性發泡）。

e 取 1/3 打發蛋白加入蛋黃糊中拌勻，再將打發蛋白與蛋黃糊全部混和均勻後，加入椰子粉拌勻。

f 倒入 42×34×3.5cm 鋪好烘焙紙的烤盤中，抹平表面。

g 在桌面上敲一下後，放入預熱好的烤箱，以上火 200℃／下火 120℃ 烤 10-15 分鐘，轉盤調頭後以上火 150℃／下火 120℃ 續烤 10-15 分鐘。

h 烤至上色、蛋糕體邊邊離模便是熟了，出爐後放涼備用。

製作椰子香酥餡

i 無水奶油置於室溫尚未融化的程度，加入砂糖拌勻。

j 蛋黃與全蛋分兩次加入，攪拌均勻。

k 加入椰子粉拌勻即完成椰子香酥餡。

製作蛋醬

l 蛋黃與糖粉拌勻，稍微攪拌打至起泡。

m 慢慢加入沙拉油，攪拌至乳化，備用。

組合

n 蛋糕體翻面，均勻淋上蜂蜜後捲起，放置冰箱冷藏 1 小時。

o 取出蛋糕捲，以抹刀將椰子香酥餡均勻抹在表面。

p 剁出花紋。

q 放入烤箱，需架高，以上火 200℃／下火 100℃ 烤 15-20 分鐘，表面呈現金黃色即可出爐。

r 趁熱，均勻刷上蛋醬，放涼後即可切片。

甜筒蛋糕捲
Chocolate Cone Cake

材料

分量
約 20-22 個

戚風蛋糕
蛋白⋯170g
細砂糖⋯95g

沙拉油⋯55g
橘子水⋯50g
蘭姆酒⋯5g
細砂糖⋯6g
蛋黃⋯80g
低筋麵粉⋯70g

芝麻奶油霜
發酵奶油⋯285g
玫瑰鹽⋯1g
糖粉⋯29g
煉乳⋯29g
白芝麻粒（熟）⋯57g

裝飾
牛奶巧克力⋯250g
烤熟杏仁角⋯50g

這款點心一拿出來

馬上收買小孩子、妹子的心

老師可以掛保證

製作蛋糕

a 在白報紙上畫出邊長 10×9cm 的直角，再以鍋蓋或者盤子畫出弧度。

b 上方再鋪一張白報紙，備用。

c 烤箱預熱。裝飾用的杏仁角以上火 150℃／下火 150℃烤 15 分鐘至金黃色，備用。

d 沙拉油、橘子水、蘭姆酒、細砂糖，拌勻，蛋黃隔水加熱後，加入低筋麵粉拌勻。

e 蛋白與細砂糖打至乾性發泡（見 P.29 打發蛋白霜－乾性發泡），取 1/3 打發蛋白加入蛋黃糊中拌勻。

f 再將打發蛋白與蛋黃糊全部混和均勻後，倒入擠花袋開始擠出輪廓。

g 依弧形→兩側邊→中間的順序。

h 將麵糊擠於畫好圖樣的白報紙上。

i 放入預熱好的烤箱，以上火 220℃／下火 150℃烤 10-12 分鐘，按下會回彈即可出爐，離盤放涼備用。

製作芝麻奶油霜

j 熟芝麻打成粉狀。

k 發酵奶油、玫瑰鹽、糖粉、煉乳混和打發至體積三倍大。

l 加入芝麻粉攪拌均勻成芝麻奶油霜。

組合裝飾

m 在蛋糕片一側抹上芝麻奶油霜。

n 由另一側捲起成甜筒狀。

o 利用擠花袋將芝麻奶油霜以繞圈圈的方式擠入甜筒後，放入冰箱冷凍約 20 分鐘。

p 融化巧克力奶油。取冷凍甜筒，前端沾上巧克力奶油。

q 再壓上烤熟杏仁角，靜置待巧克力奶油乾硬即完成。

- 戚風蛋糕出爐時要立即離盤，避免烤盤餘熱使蛋糕過乾。
- 沾巧克力及杏仁角的動作要稍快一點，若巧克力乾掉杏仁角會黏不上。

愛芋頭的人有福了

最紅芋頭奶凍也能自己做

也太狂了啦

芋泥奶凍捲
Taro Milk Jelly Roll Cake

分量
1 捲

戚風蛋糕
玄米油…50g
發酵奶油…50g
低筋麵粉…87g
可可粉…4g
玉米粉…18g
70℃開水…85g
蛋黃…85g
蛋白…250g
細砂糖…130g

芋泥奶凍
鮮奶 228g
細砂糖…32g
發酵奶油…20g
水…58g
玉米粉…29g
奶粉…11g
紫薯粉…6g
芋泥餡…54g

香緹鮮奶油
動物性鮮奶油…150g
細砂糖…10g

製作蛋糕
a 烤箱預熱。玄米油、發酵奶油煮滾（90℃）。

b 離火後加入低筋麵粉、可可粉及玉米粉拌勻，再加入 70℃ 開水拌勻。

c 蛋黃隔水加熱至 35℃ 後加入拌勻。

d 蛋白與細砂糖打至乾性發泡（見 P.29 打發蛋白霜—乾性發泡），取 1/3 打發蛋白加入蛋黃糊中拌勻。

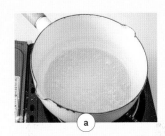

作法

e 再將打發蛋白與蛋黃糊全部混和均勻。

f 倒入 42×34×3.5cm 鋪好烘焙紙的烤盤中，抹平表面。

g 在桌面上敲一下後，放入預熱好的烤箱，以上火 200℃／下火 120℃ 烤 10-15 分鐘，轉盤調頭後以上火 150℃／下火 120℃ 續烤 10-15 分鐘。

h 烤至上色、蛋糕體的邊邊離模便是熟了，出爐後放涼備用。

製作芋泥奶凍

i 40×3×3cm 的模具下方包保鮮膜，置於烤盤上，放入冷凍庫。

j 水、玉米粉、奶粉、紫薯粉混和攪拌拌勻。

k 發酵奶油置於室溫，與鮮奶、細砂糖煮滾。

l 加入芋泥餡拌勻後，沖入步驟 **j** 的麵糊內。

m 一邊攪拌一邊回煮至泡沫消失，看得到鍋底，呈奶油狀。

n 倒入模具內，放冰箱冷藏 15 分鐘。

製作香堤鮮奶油

o 動物性鮮奶油、砂糖以中慢速打發（見 P.30 打發鮮奶油）。

組合

p 蛋糕上塗抹香堤鮮奶油，頭尾處抹薄一點，中央則厚一些。

q 取出已凝固的奶凍，擺在靠近自己這一側的蛋糕上，約 1/3 處。

r 在奶凍上方、前後各擠上香堤鮮奶油、抹平，利用擀麵棍將蛋糕捲起（蛋糕捲捲法請見 P.31），放置冰箱冷藏 1 小時。

s 切去頭尾不規則的部分，切片即完成。

超人氣水果生乳捲
Fruit Cream Roll Cake

水果捲永遠是美子的最愛

一種口味多種享受呀

材料

分量

1 捲

法式海綿蛋糕

發酵奶油…51g

玄米油…51g

煉乳…21g

低筋麵粉…102g

薑黃粉…2g

玉米粉…21g

鮮奶…91g

紅殼蛋黃…128g

蛋白…257g

細砂糖…128g

檸檬汁…3g

生乳內餡

動物性鮮奶油…250g

細砂糖…8g

海藻糖…8g

君度橙酒…5g

裝飾

香蕉…2 條

愛文芒果…1 顆

奇異果…1 顆

作法

法式海綿蛋糕

a 烤箱預熱。發酵奶油、玄米油、煉乳煮滾（90℃），拌勻。

b 離火後加入低筋麵粉、薑黃粉及玉米粉拌勻，再加入加熱至50℃的牛奶拌勻。

c 蛋黃隔水加熱至35℃後加入拌勻。

d 蛋白與細砂糖、檸檬汁打至乾性發泡（見P.29 打發蛋白霜—乾性發泡）。

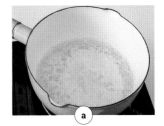

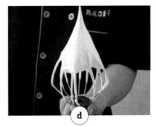

步驟 **b** 加入牛奶之後。一開始油水分離是正常的，加入蛋黃之後便會乳化回來了。

e 取 1/3 打發蛋白加入蛋黃糊中拌勻。

f 再將打發蛋白與蛋黃糊全部混和均勻。

g 倒入 42×34×3.5cm 鋪好烘焙紙的烤盤中,抹平表面。在桌面上敲一下後,放入預熱好的烤箱,以上火 200℃／下火 120℃ 烤 10-15 分鐘,轉盤調頭後以上火 150℃／下火 120℃ 續烤 10-15 分鐘。

h 烤至上色、蛋糕體邊邊離模便是熟了,出爐後放涼備用。

製作生乳內餡

i 動物性鮮奶油加入細砂糖、海藻糖、香橘酒,打發成生乳內餡。

組合

j 香蕉、芒果、奇異果皆去皮、切塊,備用。蛋糕上塗抹生乳內餡,靠近自己這一側約 3-4cm 處抹厚一點,另一側抹薄一點,中央則厚一些。

k 在靠近自己這一側的蛋糕上,約 2cm 處擺上切塊水果,並在水果上面抹上生乳內餡。

l 利用擀麵棍將蛋糕捲起(蛋糕捲捲法請見 P.31),放置冰箱冷藏 1 小時。拆掉白報紙,切去頭尾不規則的部分,切片即完成。

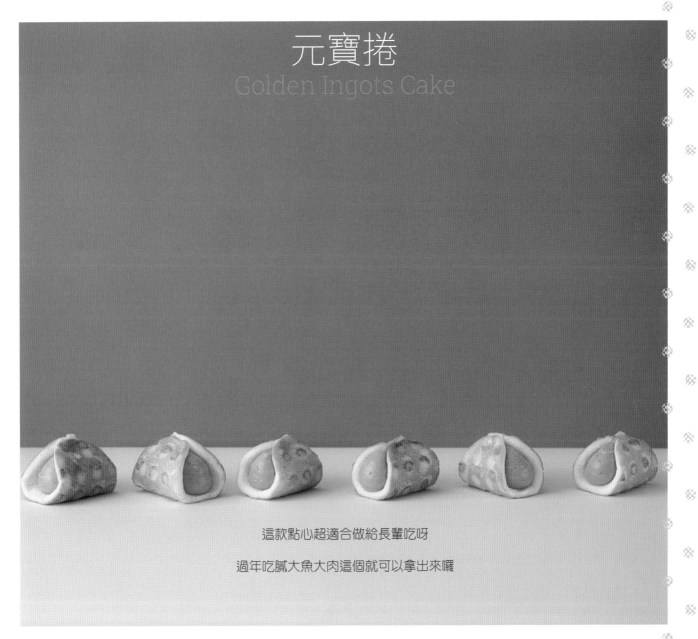

元寶捲
Golden Ingots Cake

這款點心超適合做給長輩吃呀

過年吃膩大魚大肉這個就可以拿出來囉

分量

約 33-35 個

蛋糕

蛋白…185g

細砂糖…50g

蛋黃…82g

細砂糖…12g

沙拉油…37g

奶水…40g

低筋麵粉…20g

玉米粉…18g

花生克林姆

鮮奶…250g

香草精…3g

蛋黃…40g

細砂糖…35g

玉米粉…20g

發酵奶油…50g

無糖花生醬…200g

（打均質）

動物性鮮奶油…50g

製作蛋糕

a 烤箱預熱。取有圓洞的烤架置於烤盤上，噴上烤盤油，刷勻。

b 蛋黃隔水加熱至 35℃，與細砂糖、沙拉油、奶水拌勻。

c 加入低筋麵粉及玉米粉拌勻。

d 蛋白與細砂糖打至乾性發泡（見 P.29 打發蛋白霜－乾性發泡）。取 1/3 打發蛋白加入蛋黃糊中拌勻，再將打發蛋白與蛋黃糊全部混和均勻。

e 麵糊放入擠花袋，在有圓洞的烤架上擠成條狀。放入預熱好的烤箱，以上火 150℃／下火 220℃ 烤 10-12 分鐘，按下會回彈即可出爐，離盤放涼備用。

製作花生克林姆

f 蛋黃、細砂糖拌勻，加入玉米粉拌勻。

g 鮮奶、香草精混和煮滾，沖入步驟 **f** 的蛋黃糊內，攪拌回煮至泡沫消失，看得到鍋底的濃稠狀。

h 熄火後稍稍放涼降至常溫，加入置於室溫，或微波至軟化尚未融化程度的發酵奶油。

i 攪拌至發酵奶油全融入後加入無糖花生醬攪拌均勻。

j 加入動物性鮮奶油，攪拌至質地柔滑。

組合

k 花生克林姆放入擠花袋，擠約 15g 在蛋糕上。

l 蛋糕對折、黏住即完成。

看到上面那層虎皮

是不是讓人捨不得切下呢

虎皮蛋糕捲
Tiger Skin Roll Cake

材料

分量
1 捲

巧克力蛋糕
發酵奶油…63g
葡萄籽油…34g
低筋麵粉…108g
50℃鮮奶…91g
細砂糖…11g
可可粉…23g
全蛋…46g
蛋黃…103g
蘭姆酒…6g
蛋白…257g
細砂糖…125g

虎皮
新鮮蛋黃…200g
細砂糖…80g
全蛋…22g
玉米粉…44g

內餡奶油
發酵奶油…250g
煉乳…25g
奶粉…25g

製作巧克力蛋糕

a 烤箱預熱。葡萄籽油、發酵奶油煮滾（90℃），拌勻。

b 離火後加入低筋麵粉拌勻，加入 50℃鮮奶拌勻。

c 再加入可可粉拌勻。

d 蛋黃及全蛋隔水加熱至 35℃後，與蘭姆酒一起加入拌勻。

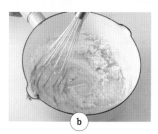

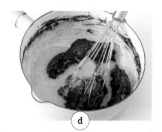

e 蛋白與細砂糖打至乾性發泡（見 P.29 打發蛋白霜—乾性發泡），取 1/3 打發蛋白加入蛋黃糊中拌勻。

f 再將打發蛋白與蛋黃糊全部混和均勻。

g 倒入 42×34×3.5cm 鋪好烘焙紙的烤盤中，抹平表面。

h 在桌面上敲一下後，放入預熱好的烤箱，以上火 200℃／下火 120℃ 烤 10-15 分鐘，轉盤調頭後以上火 150℃／下火 120℃ 續烤 10-15 分鐘。烤至上色、蛋糕體邊邊離模便是熟了，出爐後放涼備用。

製作虎皮

i 新鮮蛋黃、細砂糖、全蛋、玉米粉以高速打。

j 三倍體積大，約八、九分發。

k 測比重：取一個裝滿水為 120g 的杯子。

l 裝入麵糊之後測麵糊重量，麵糊重 ÷ 水重＝ 0.40 為最佳比重，因此麵糊重量為 49-51g 為最佳。

m 將麵糊倒入 42×34×3.5cm 鋪好烘焙紙的烤盤中，抹平表面，放入預熱好的烤箱中層，以上火 230℃／下火 150℃ 烤 4-5 分鐘即可出爐，離盤放涼備用。

製作內餡奶油

n 發酵奶油、煉乳、奶粉混和打發至三倍體積。

組合

o 取約 140g 內餡奶油塗抹於虎皮背面。

p 疊上巧克力蛋糕，將剩餘內餡奶油塗抹於巧克力蛋糕上。

q 利用擀麵棍將蛋糕捲起（蛋糕捲捲法請見 P.31），放置冰箱冷藏 1 小時。

r 拆掉白報紙，切去頭尾不規則的部分，切片即完成。

製作虎皮，測比重時，由於越打比重會越輕，因此建議在越接近時就每打 30 秒便測一次，才不至於打過頭。

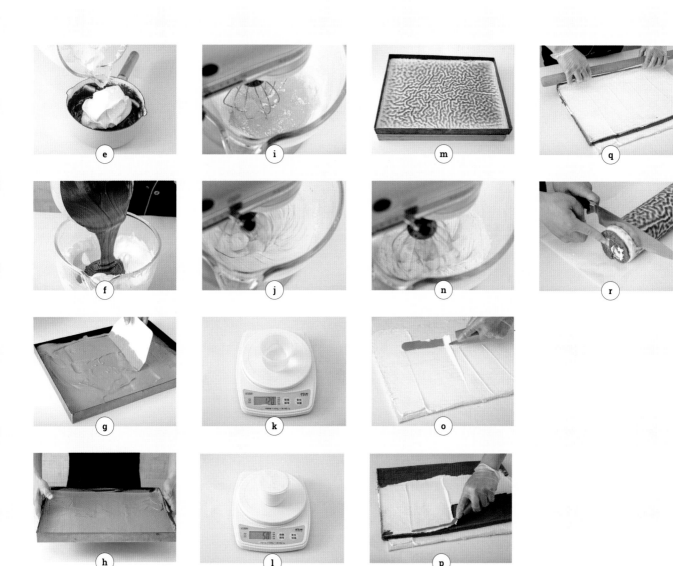

生乳捲的靈魂—香堤餡

常常讓吃完的人吮指再三

生乳捲
Fresh Cream Roll Cake

分量

1 捲

蛋糕

全蛋⋯390g

上白糖⋯78g

海藻糖⋯78g

轉化糖⋯39g

低筋麵粉⋯117g

泡打粉⋯2g

牛奶⋯49g

發酵奶油⋯39g

香堤餡

動物性鮮奶油⋯400g

砂糖⋯20g

馬士卡邦起司⋯50g

裝飾

防潮糖粉⋯適量

製作蛋糕

a 烤箱預熱。以隔 50℃ 水的方式,讓全蛋升溫至 30℃。

b 加入上白糖、海藻糖、轉化糖打發(見 P.27 全蛋打發)。

c 發酵奶油與牛奶放入鍋中,加熱至 60℃。

d 低筋麵粉、泡打粉過篩兩次,拌入打發全蛋中,拌勻。

e 拌入步驟 **c** 的發酵奶油與牛奶,混和均勻。

f 倒入 sn1102 烤盤,抹平表面。

g 在桌面上敲一下後,放入預熱好的烤箱,以上火 200℃ /下火 120℃ 烤 10-15 分鐘,轉盤調頭後以上火 160℃ /下火 120℃ 烤 5-10 分鐘,出爐後放涼備用。

製作香堤餡

h 動物性鮮奶油、砂糖以中慢速打發(見 P.30 打發鮮奶油)。

i 加入馬士卡邦起司拌勻即成香堤餡。

組合

j 蛋糕上塗抹香堤餡,頭尾處抹薄一點,中央則厚一些。

k 在靠近自己這一側的蛋糕上,約 1/3 處,劃三條不切斷的橫線。

l 利用擀麵棍將蛋糕捲起(蛋糕捲捲法請見 P.31),放置冰箱冷藏 1 小時。

m 拆掉白報紙,切去頭尾不規則的部分,在蛋糕捲上均勻撒上防潮糖粉、切片即完成。

由於麵粉的比例較少,步驟 **d** 在拌的時候建議使用較大的刮刀,以確實拌勻,烤起來組織會比較綿密。

米蛋糕捲
Rice Powder Roll Cake

分量
1 捲

蛋糕
全蛋⋯378g
上白糖⋯118g
海藻糖⋯59g
低筋麵粉⋯59g
在來米粉⋯35g
牛奶⋯47g
發酵奶油⋯24g
蜂蜜⋯24g

香堤餡
動物性鮮奶油⋯400g
煉乳⋯20g
馬士卡邦起司⋯50g
君度橙酒⋯5g

裝飾
打發鮮奶油⋯適量
防潮糖粉⋯適量

加入再來米香氣的米蛋糕捲

口感口味都別具風情

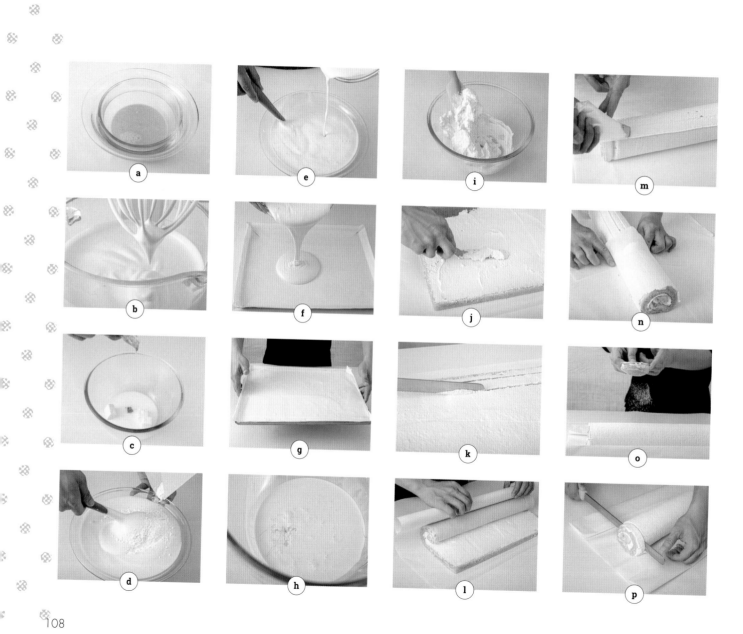

製作蛋糕

a 烤箱預熱。以隔 50℃ 水的方式,讓全蛋升溫至 30℃。

b 加入上白糖、海藻糖、米粉打發(見 P.27 全蛋打發)。

c 發酵奶油與牛奶、蜂蜜放入鍋中,加熱至 60℃。

d 低筋麵粉、泡打粉過篩兩次,拌入打發全蛋中,拌勻。

e 拌入步驟 **c** 的發酵奶油與牛奶,混和均勻。

f 倒入 sn1102 烤盤,抹平表面。

g 在桌面上敲一下後,放入預熱好的烤箱,以上火 200℃/下火 120℃ 烤 10-15 分鐘,轉盤調頭後以上火 160℃/下火 120℃ 烤 5-10 分鐘,出爐後放涼備用。

製作香堤餡

h 動物性鮮奶油、煉乳以中慢速打發(見 P.30 打發鮮奶油)。

i 加入馬士卡邦起司、君度橙酒拌勻即成香堤餡。

組合

j 蛋糕上塗抹香堤餡,頭尾處抹薄一點,中央則厚一些。

k 在靠近自己這一側的蛋糕上,約 1/3 處,劃三條不切斷的橫線。

l 利用擀麵棍將蛋糕捲起(蛋糕捲捲法請見 P.31),放置冰箱冷藏 1 小時。

m 拆掉白報紙,以齒狀擠花袋(三能 sn7058)將打發鮮奶油一條條擠上蛋糕捲。

n 取一張烤焙紙,將鮮奶油刮平整。

o 撒上防潮糖粉。

p 切去頭尾不規則的部分,切片即完成。

伯爵紅茶蛋糕捲
Earl Grey Tea Roll Cake

材料

分量

1 捲

奶茶液

伯爵紅茶…10g

牛奶…300g

紅茶蛋糕

沙拉油…111g

奶茶液…74g

蛋黃…204g

低筋麵粉…134g

蛋白…315g

砂糖…83g

海藻糖…79g

伯爵香堤餡

動物性鮮奶油…430g

奶茶液…150g

蘭姆酒…10g

卡士達粉…50g

用上等伯爵紅茶做出來的蛋糕捲

就是有一種貴族感

製作奶茶液

a 牛奶 300g 煮沸，加入伯爵紅茶茶葉拌勻，加蓋悶 5 分鐘。

b 過篩後分成 74g（紅茶蛋糕）、150g（伯爵香堤餡）備用，若量不足再加入牛奶補足。

製作蛋糕

c 烤箱預熱。將沙拉油、奶茶液 74g、蛋黃混和拌勻。

d 加入過篩的低筋麵粉，攪拌均勻成蛋黃糊。

e 蛋白、砂糖、海藻糖打至乾性發泡（見 P.29 打發蛋白霜－乾性發泡），取 1/3 打發蛋白加入蛋黃糊中拌勻，再將打發蛋白與蛋黃糊全部混和均勻。

f 倒入 sn1102 烤盤，抹平表面，在桌面上敲一下後，放入預熱好的烤箱，以上火 200℃／下火 120℃ 烤 10-15 分鐘，轉盤調頭後以上火 160℃／下火 120℃ 烤 5-10 分鐘，出爐後放涼備用。

製作奶茶香堤餡

g 動物性鮮奶油打發（見 P.30 打發鮮奶油）。

h 取 150g 紅茶液，加入卡士達粉、蘭姆酒拌勻後，與打發鮮奶油攪拌均勻成奶茶香堤餡。

組合

i 蛋糕上塗抹奶茶香堤餡，頭尾處抹薄一點，中央則厚一些。

j 在靠近自己這一側的蛋糕上，約 1/3 處，劃三條不切斷的橫線。

k 利用擀麵棍將蛋糕捲起（蛋糕捲捲法請見 P.31），放置冰箱冷藏 1 小時。

l 拆掉白報紙，切去頭尾不規則的部分，切片即完成。

芋頭蛋糕捲
Taro Roll Cake

分量

1 捲

蛋糕

沙拉油…183g

牛奶…89g

蛋黃…183g

低筋麵粉…98g

蛋白…286g

上白糖…76g

海藻糖…71g

芋泥餡

新鮮芋頭…150g

二砂糖…30g

發酵奶油…25g

奶粉…6g

打發動物性鮮奶油…495g

卡士達粉…30g

吃得到新鮮芋頭塊的這款點心

實在太讓芋頭控無法招架

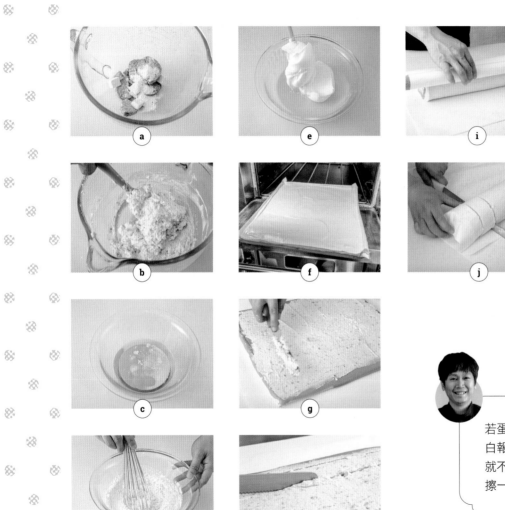

若蛋糕捲外層沒有裝飾，可直接隔著白報紙切，這樣沾在刀子上的香堤餡就不會沾到蛋糕捲外層，不用切一刀擦一次刀子，也不會影響美觀。

製作芋泥餡

a 芋頭蒸熟後，與二砂糖、發酵奶油、奶粉拌勻降至室溫。

b 打發動物鮮奶油，拌入卡士達粉拌勻後，再拌入放至室溫的芋泥糊攪拌成芋泥餡。

製作蛋糕

c 烤箱預熱。將沙拉油、牛奶、蛋黃拌勻。

d 加入過篩的低筋麵粉，攪拌均勻成蛋黃糊。

e 蛋白、上白糖、海藻糖打至乾性發泡（見 P.29 打發蛋白霜—乾性發泡），取 1/3 打發蛋白加入蛋黃糊中拌勻，再將打發蛋白與蛋黃糊全部混和均勻，倒入 sn1102 烤盤，抹平表面。

f 在桌面上敲一下後，放入預熱好的烤箱，以上火 200℃／下火 120℃烤 10-15 分鐘，轉盤調頭後以上火 160℃／下火 120℃烤 5-10 分鐘，出爐後放涼備用。

組合

g 蛋糕上塗抹芋泥餡，頭尾處抹薄一點，中央則厚一些。

h 在靠近自己這一側的蛋糕上，約 1/3 處，劃三條不切斷的橫線。

i 利用擀麵棍將蛋糕捲起（蛋糕捲捲法請見 P.31），放置冰箱冷藏 1 小時。

j 切去頭尾不規則的部分，切片即完成。

咖啡奶凍捲

Coffee Milk Jelly Roll Cake

咖啡蛋糕體和奶凍好搭配

讓人一口接一口

材料

分量
1 捲

奶凍

牛奶⋯250g
動物性鮮奶油⋯50g
海藻糖⋯35g
砂糖⋯10g
奶粉⋯15g
發酵奶油⋯25g
吉利丁片⋯10g

咖啡蛋糕

牛奶⋯70g
即溶咖啡粉⋯8g
沙拉油⋯107g
蛋黃⋯194g
低筋麵粉⋯126g
蛋白⋯306g
砂糖⋯83g
海藻糖⋯78g

咖啡香堤餡

動物性鮮奶油⋯360g
砂糖⋯16g
牛奶⋯40g
即溶咖啡粉⋯4g
蘭姆酒⋯6g
卡士達粉⋯25g

作法

製作奶凍

a 吉利丁泡冰水 30 分鐘備用。

b 40×3×3cm 的模具下方包保鮮膜，置於烤盤上，放入冷凍。

c 動物性鮮奶油、海藻糖、砂糖、奶粉放入盆中拌勻。

d 牛奶、發酵奶油加熱煮沸，沖入步驟 **c** 拌勻，再加入吉利丁片拌勻。

a

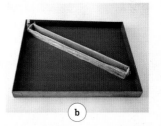
b

c

d

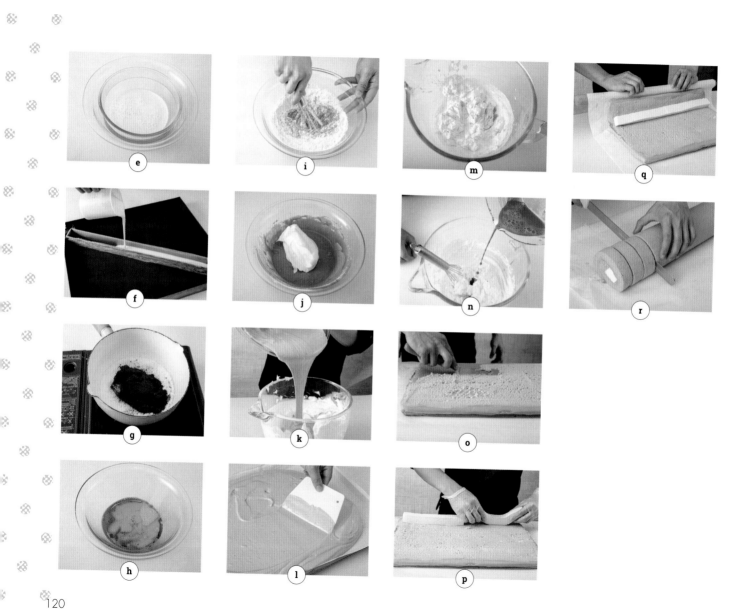

e 隔冰水降溫至 10℃，像濃湯一樣的濃稠度。

f 倒入模具內，放冰箱冷藏備用。

製作蛋糕

g 牛奶加熱至 60℃，加入即溶咖啡粉拌勻。

h 再加入沙拉油、蛋黃拌勻。

i 加入低筋麵粉，拌勻成為咖啡蛋黃糊。

j 蛋白、砂糖、海藻糖打至乾性發泡（見 P.29 打發蛋白霜—乾性發泡）。取 1/3 打發蛋白加入咖啡蛋黃糊中拌勻。

k 再將打發蛋白與蛋黃糊全部混和均勻。

l 倒入 sn1102 烤盤，抹平表面，在桌面上敲一下後，放入預熱好的烤箱，以上火 200℃／下火 120℃ 烤 10-15 分鐘，轉盤調頭後以上火 160℃／下火 120℃ 烤 5-10 分鐘，出爐後放涼備用。

製作咖啡香堤餡

m 動物性鮮奶油、砂糖以中慢速打發（見 P.30 打發鮮奶油），依序加入蘭姆酒、卡士達粉拌勻。

n 牛奶加熱至 60℃、加入即溶咖啡粉拌勻後，降回室溫再加入打發鮮奶油內拌勻。

組合

o 蛋糕上塗抹咖啡香堤餡，頭尾處抹薄一點，中央則厚一些。

p 取出已凝固的奶凍，對切，擺在靠近自己這一側的蛋糕上，約 1/3 處。

q 利用擀麵棍將蛋糕捲起（蛋糕捲捲法請見 P.31），放置冰箱冷藏 1 小時。

r 切去頭尾不規則的部分，切片即完成。

泰式奶茶蛋糕捲
Thai Milk Tea Roll Cake

材料

分量

1 捲

泰式奶茶液

牛奶…300g

泰式紅茶葉…20g

奶茶蛋糕

低筋麵粉…135g

奶粉…13g

沙拉油…108g

泰式奶茶液…72g

蛋黃…206g

蛋白…314g

砂糖…76g

海藻糖…76g

奶茶香堤餡

動物性鮮奶油…285g

煉乳…10g

泰式奶茶液…140g

卡士達粉…30g

用正統泰式奶茶煮出來的奶茶夜

讓整個蛋糕捲充充滿泰式風情

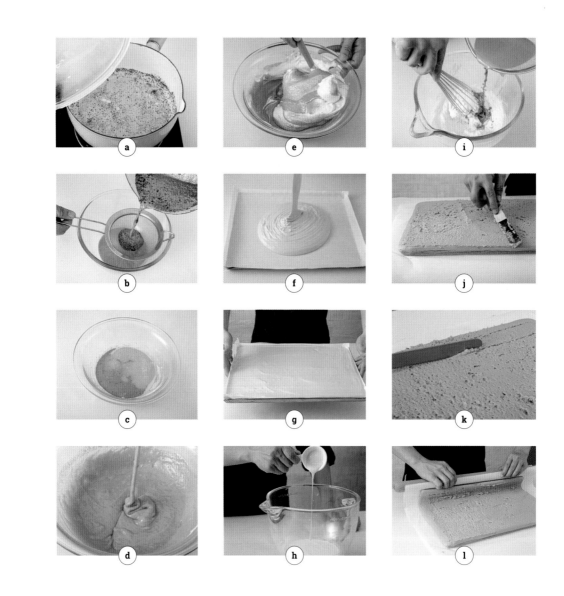

製作泰式奶茶液

a 牛奶 300g 煮沸，加入泰式紅茶茶葉拌勻，加蓋悶 5 分鐘。

b 過篩後分成 72g（奶茶蛋糕）、150g（奶茶香堤餡）備用，若量不足再加入牛奶補足。

製作蛋糕

c 烤箱預熱。將沙拉油、奶茶液 72g、蛋黃混和拌勻。

d 加入過篩的低筋麵粉，攪拌均勻成蛋黃糊。

e 蛋白、砂糖、海藻糖打至乾性發泡（見 P.29 打發蛋白霜—乾性發泡），取 1/3 打發蛋白加入蛋黃糊中拌勻。

f 將打發蛋白與蛋黃糊全部混和均勻，倒入 sn1102 烤盤，抹平表面。

g 在桌面上敲一下後，放入預熱好的烤箱，以上火 200℃／下火 120℃ 烤 10-15 分鐘，轉盤調頭後以上火 160℃／下火 120℃ 烤 5-10 分鐘，出爐後放涼備用。

製作奶茶香堤餡

h 動物性鮮奶油、煉乳拌勻打發（見 P.30 打發鮮奶油）。

i 取 150g 奶茶液，加入卡士達粉拌勻後，與打發鮮奶油攪拌均勻成奶茶香堤餡。

組合

j 蛋糕上塗抹奶茶香堤餡，頭尾處抹薄一點，中央則厚一些。

k 在靠近自己這一側的蛋糕上，約 1/3 處，劃三條不切斷的橫線。

l 利用擀麵棍將蛋糕捲起（蛋糕捲捲法請見 P.31），放置冰箱冷藏 1 小時。拆掉白報紙，切去頭尾不規則的部分，切片即完成。

櫻桃巧克力捲
Cherry Chocolate Roll Cake

材料

分量

1 捲

巧克力蛋糕

沙拉油…111g

牛奶…74g

蛋黃…204g

可可粉…23g

低筋麵粉…111g

蛋白…315g

砂糖…83g

海藻糖…79g

巧克力香堤餡

動物性鮮奶油…320g

動物性鮮奶油…65g

70%巧克力…65g

馬士卡邦起司…55g

蘭姆酒…12g

卡士達粉…35g

黑櫻桃粒…150g

吃得到黑櫻桃粒

實在的口感就是令人滿足

製作巧克力蛋糕

a 沙拉油、蛋黃拌勻。

b 牛奶加熱至 80℃，沖入步驟 **a** 內。

c 加入低筋麵粉、可可粉，拌勻成為巧克力蛋黃糊。

d 蛋白、砂糖、海藻糖打至乾性發泡（見 P.29 打發蛋白霜—乾性發泡），取 1/3 打發蛋白加入巧克力蛋黃糊中拌勻，再將打發蛋白與蛋黃糊全部混和均勻。

e 倒入 sn1102 烤盤，抹平表面，在桌面上敲一下後，放入預熱好的烤箱，以上火 200℃／下火 120℃ 烤 10-15 分鐘，轉盤調頭後以上火 160℃／下火 120℃ 烤 5-10 分鐘，出爐後放涼備用。

製作巧克力香堤餡

f 320g 動物性鮮奶油以中慢速打發（見 P.30 打發鮮奶油）。

g 65g 動物性鮮奶油加熱煮沸、沖入 70% 巧克力內，先稍稍靜置 30 至 60 秒。

h 待巧克力融化後再拌勻，接著依序加入馬士卡邦起司、蘭姆酒、打發鮮奶油，拌勻後再加入卡士達粉拌勻成巧克力香堤餡。

組合

i 蛋糕上塗抹巧克力香堤餡，頭尾處抹薄一點，中央則厚一些。

j 在靠近自己這一側的蛋糕上，約 1/3 處，劃三條不切斷的橫線。

k 均勻撒上黑櫻桃粒後，將黑櫻桃粒稍微按壓入香堤餡內。

l 利用擀麵棍將蛋糕捲起（蛋糕捲捲法請見 P.31），放置冰箱冷藏 1 小時。切去頭尾不規則的部分，切片即完成。

Chapter 3

乳 酪 點 心

有特色的乳酪點心或蛋糕,一直是很受人歡迎的餐後
點心或是午茶甜點。由於乳酪的口感各有不同,有的
香濃綿密,有的輕盈順口,因此用乳酪作出來的點心,
總是千變萬化,能夠滿足各種人挑剔的味蕾。

鹹乳酪
Salty Cheese Cake

分量

28×28cm 高 3.5cm 模
具 1 個

乳酪麵糊

鮮奶…185g

發酵奶油…100g

奶油乳酪…250g

蛋黃…250g

低筋麵粉…50g

玉米粉…20g

打發蛋白

蛋白…300g

細砂糖…175g

裝飾

帕瑪森乳酪粉…適量

鹹香的乳酪蛋糕是許多人開始吃乳酪蛋糕的起點

一定要吃吃看

a 烤箱預熱。發酵奶油置於室溫；奶油乳酪微波至 40℃、蛋黃隔水加熱至 35℃備用。鮮奶與軟化發酵奶油煮滾。

b 熄火，加入軟化的奶油乳酪拌勻。

c 加入 35℃ 蛋黃拌勻。

d 加入低筋麵粉、玉米粉拌勻成乳酪奶油糊。

e 打發蛋白：蛋白、細砂糖打發至濕性發泡（見 P.28 打發蛋白霜——濕性發泡）。

f 取 1/3 打發蛋白，混入乳酪奶油糊中攪拌均勻後，再倒入剩下的打發蛋白中，均勻混和至滴下去紋路會消失。

g 取 28×28cm 高 3.5cm 模具，均勻噴上烤盤油，並鋪上兩張白報紙。

h 將麵糊倒入模具中，在桌上輕敲，去掉氣泡。

i 表面均勻撒上帕瑪森乳酪粉。

j 將模具置於烤盤，放入另一個加了冷水的烤盤內，放進預熱好的烤箱，以上火 160℃／下火 130℃隔水烤 30-40 分鐘。

k 出爐，放涼即可脫模，切邊後切成條狀即完成。

鋪於模具的白報紙剪法：對折再對折後，由對角處往中心點斜剪一半，讓斜角處可以在模具側面重疊。

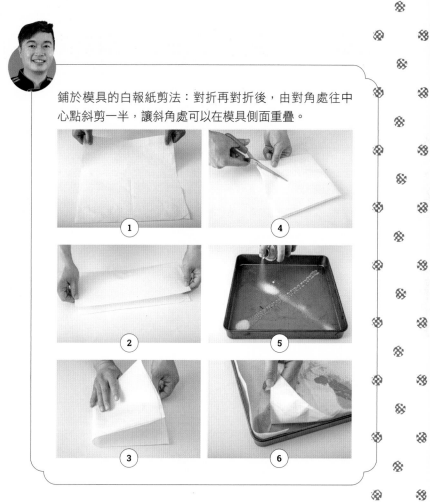

原味重乳酪
Heavy Cheese Cake

在燒烤的過程中

會使得乳酪蛋糕上側的邊緣自然呈現漂亮的弧度非常可愛

材料

分量

6 吋實心模約 3 個

餅乾底

奇福餅乾粉⋯200g

糖粉⋯20g

發酵奶油⋯70g

乳酪蛋糕

奶油乳酪⋯800g

蛋黃⋯144g

發酵奶油⋯100g

細砂糖⋯80g

蘭姆酒⋯60g

打發蛋白

蛋白⋯216g

細砂糖⋯160g

作法

準備烤模

a 沿著烤模上側貼一圈膠帶。

b 烤模底部鋪烘焙紙，側邊噴烤盤油備用。

製作餅乾底

c 發酵奶油融化至液狀，加入奇福餅乾粉及糖粉拌勻。

d 取約 90g，鋪於烤模底部，以擀麵棍或者平底的物品按壓平整。

e 撕掉膠帶。

- 烤模上側貼膠帶處由於沒有噴到烤盤油，在烘烤的過程會使得乳酪蛋糕上側的邊緣自然呈現漂亮的弧度，非常可愛。

- 步驟 **k** 僅能輕敲，不可太重，否則餅乾底會浮上來。

- 烘烤時於烤盤門上夾個手套，留一個縫，避免溫度太高導致表面裂開。

製作乳酪蛋糕糊

f 奶油乳酪及蛋黃皆隔水加熱至 40℃，發酵奶油融化至液狀，與 80g 細砂糖、蘭姆酒混和拌勻。

g 過篩備用。

h 蛋白、細砂糖打發至濕性發泡（見 P.28 打發蛋白霜－濕性發泡）。取 1／3 打發蛋白混入乳酪奶油糊中攪拌均勻。

i 再倒入剩下的打發蛋白中，混和攪拌至均勻有光澤。

組合

j 將乳酪蛋糕糊分別倒入鋪好餅乾的烤模中，並於桌面上輕敲至表面紋路消失。

k 將模具置於烤盤，放入另一個加了冰水的烤盤內，放進預熱好的烤箱，以上火 210℃／下火 130℃隔水烤 10-15 分鐘，上色後轉盤調頭，再以上火 180℃／下火 130℃隔水烤 50 分鐘。出爐，放入冰箱冷藏 30 分鐘。

i 脫模：置於瓦斯爐上直接加熱 4-5 秒。

m 翻出以紙盤承接。

n 取另一紙盤蓋住再翻面即完成。

紐約乳酪條
New York Style Cheese Cake

帶著苦甜巧克力香的乳酪蛋糕
充滿大人的滋味

材料

分量
20×20cm 模具 1 個

餅乾底
奇福餅乾粉…130g
發酵奶油…53g
有糖椰子絲…12g
生碎核桃…12g
糖粉…15g

白色乳酪麵糊
奶油乳酪…315g
發酵奶油…22g
上白糖…30g
蛋白…52g
動物性鮮奶油…86g
君度橙酒…6g
玉米粉…10g

巧克力醬
深黑苦甜巧克力
…6g
動物性鮮奶油…12g
白乳酪麵糊…25g

裝飾
鏡面果膠…20g

作法

製作餅乾底

a 將碎核桃置於烤盤，以上火 150℃／下火 150℃烤 15-20 分鐘，放涼備用。

b 融化發酵奶油至液狀，加入奇福餅乾粉、有糖椰子絲、碎核桃、糖粉拌勻。

c 放入模具內。

d 壓實後內側面噴上烤盤油，放入冰箱冷藏備用。

a

b

c

d

製作白色乳酪麵糊

e 預熱烤箱。發酵奶油放置室溫，奶油乳酪微波至 40℃，兩者混和加入上白糖拌勻至柔軟無結粒。

f 分兩次加入蛋白。

g 拌勻後分兩次加入動物性鮮奶油，拌勻。

h 依序加入玉米粉、君度橙酒拌勻即成白乳酪麵糊。

製作巧克力醬

i 深黑苦甜巧克力隔水加熱或者微波至融化。

j 與鮮奶油拌勻。

k 取 20g 的白乳酪麵糊加入步驟 **j** 中攪拌均勻。

組合

l 將白乳酪麵糊倒入鋪好餅皮的模具中，抹平。

m 擠上一條一條巧克力醬。

n 再取竹籤畫出花紋。

o 將烤盤放入另一個加了冰水的烤盤內，放入已預熱烤箱，以上火 150℃／下火 150℃，烤約 30-40 分鐘。

p 出爐後冷藏 20 分鐘，刷上鏡面果膠裝飾。

q 脫模切去不規則的邊緣，再對切。

r 切成條狀。

切乳酪蛋糕時，要將刀烤熱，切一刀抹乾淨刀子，烤熱了再切一刀，這樣才能切得漂亮。

這款乳酪杯不囉唆端出絕對秒殺

奶香乳酪杯
Cheese Cupcake

材料

分量
約 10 個

戚風蛋糕
鮮奶…52g
葡萄籽油…41g
蛋黃…52g
低筋麵粉…80g
蛋白…210g
細砂糖…100g

鮮奶油內餡
動物性鮮奶油
…200g
細砂糖…20g
馬士卡邦起司
…100g
防潮糖粉…適量

作法

a 烤箱預熱。蛋黃隔水加熱至 35℃，與鮮奶、葡萄籽油拌勻。

b 加入麵粉拌勻，成蛋黃糊。

c 蛋白與細砂糖打至乾性發泡（見 P.29 打發蛋白霜─乾性發泡）。

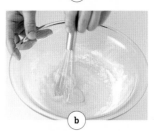

d 取 1/3 打發蛋白加入蛋黃糊中拌勻，再將打發蛋白與蛋黃糊全部混和均勻。

e 倒入擠花袋，取圓形花嘴，擠入直徑 6cm，高 5.5cm 的馬芬杯中。放入預熱好的烤箱，以上火 220℃／下火 150℃ 烤 4-6 分鐘，上色後轉盤調頭後以上火 150℃／下火 230℃ 續烤 10-12 分鐘。

f 出爐後放涼備用。

製作鮮奶油內餡

g 動物性鮮奶油、細砂糖、馬士卡邦起司混和打發（見 P.30 打發鮮奶油）。

組合

h 取刀子橫切蛋糕上方。

i 擠上鮮奶油。

j 將切下的蛋糕蓋回去，撒上防潮糖粉。

烤盤底下，在加一片相同的烤盤避免下火太高，蛋糕表皮裂開來。

d

h

e

i

f

j

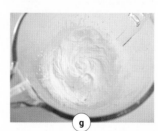
g

白色乳酪塔
Fruit Cheese Tart

乳酪塔搭配水果像極了可愛的笑臉

材料

作法

分量

約 10 個

杏仁塔皮

發酵奶油…95g

糖粉…46g

蛋白…11g

蛋黃…11g

杏仁粉…38g

低筋麵粉…114g

乳酪餡

奶油乳酪…250g

細砂糖…75g

酸奶…60g

全蛋…15g

裝飾

柑橘果肉…10 個

酒漬櫻桃…10 個

鏡面果膠…20g

覆盆莓果醬…適量

製作塔皮

a 烤箱預熱。發酵奶油置於室溫，加入糖粉拌勻。

b 加入杏仁粉拌勻後，分 2-3 次加入蛋白與蛋黃，拌勻。

c 加入低筋麵粉拌勻。

d 放入冰箱冷藏鬆弛 30 分鐘後，取 25g 麵糰按壓入蛋塔模內。

e 以刀子削齊邊緣。

f 取叉子在塔皮上戳洞後，取直徑 10cm 的圓形烘焙紙，周圍剪開，鋪在塔皮上，再放上重石或豆子，放進預熱好的烤箱。

g 以上火 200℃／下火 200℃，烤 10-12 分鐘，移除紙跟豆子，轉盤調頭，以上火 150℃／下火 180℃，烤 10 分鐘，至金黃色，出爐後放涼脫模，備用。

製作乳酪餡

h 奶油乳酪微波至 40℃，加入細砂糖、酸奶拌勻。

i 加入全蛋拌勻。

組合

j 將乳酪餡擠入塔皮內。

k 表面擺上柑橘果肉、酒漬櫻桃、覆盆莓果醬。

l 放進預熱好的烤箱上層，以上火 200℃／下火 120℃，隔冷水烤 10-15 分鐘。

m 出爐放涼後，刷上鏡面果膠。

黃金乳酪球
Cheese Ball

材料

分量

直徑 3.5，高 2cm 的
模具約 40-45 個

麵糊

全蛋…260g

蜂蜜…37g

細砂糖…170g

鹽…2g

蘭姆酒…3g

低筋麵粉…200g

乳酪粉…25g

薑黃粉…2g

奶粉…10g

發酵奶油…220g

煙燻乳酪…30g

a 烤箱預熱。全蛋隔水加熱至 35℃，加入蜂蜜、細砂糖、鹽、蘭姆酒拌勻。

b 加入低筋麵粉、乳酪粉、薑黃粉、奶粉，攪拌至細緻無結粒。

c 發酵奶油隔水加熱或微波至 60℃，融化狀態，分兩次加入，攪拌至均勻。

d 煙燻乳酪刨絲後加入拌勻，放入擠花袋備用。

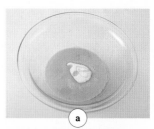
a

b

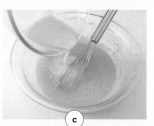
c

d

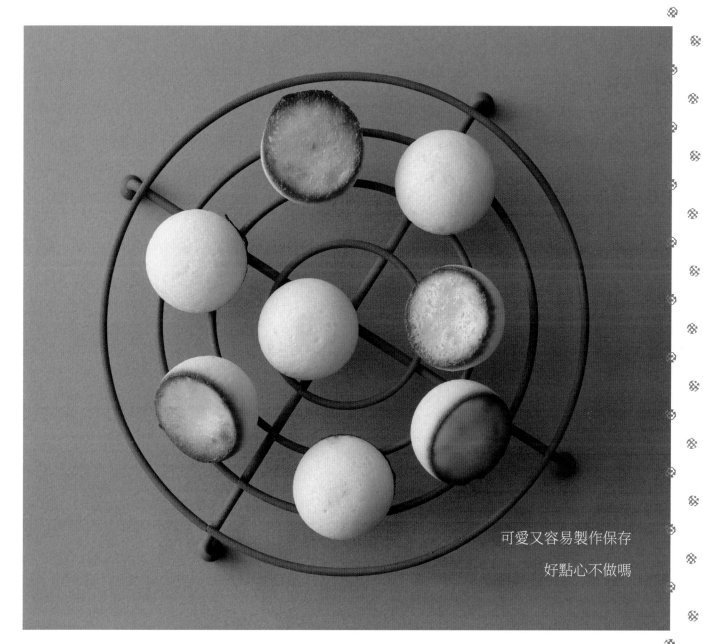

可愛又容易製作保存

好點心不做嗎

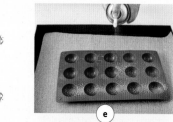

e

f

g

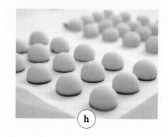

h

e 取直徑 3.5cm、高 2cm 的半圓形模具，噴上烤盤油。

f 將攪拌好的麵糊擠入模具內至滿。

g 放入已預熱的烤箱上層，下層置另一烤盤裝水，以上火 220℃／下火 130℃烤10-12 分鐘。

h 出爐後趁熱倒出放涼。

烘烤時下方置一裝水烤盤，可讓下方圓形區塊不會上色，製造清新的色澤狀態。

烤乳酪
Chocolate Cheese Tart

這款點心好適合 party 而且讓人一個接一個停不下來

材料

分量
約 10 個

塔皮
發酵奶油…62g
糖粉…62g
蛋黃…15g
動物性鮮奶油…30g
低筋麵粉…125g
可可粉…12g
杏仁粉…50g

乳酪餡
鮮奶…300g
奶油乳酪…60g
發酵奶油…40g
細砂糖…60g
全蛋…40g
低筋麵粉…30g
玉米粉…30g

裝飾
奶油乳酪…適量
鏡面果膠…20g

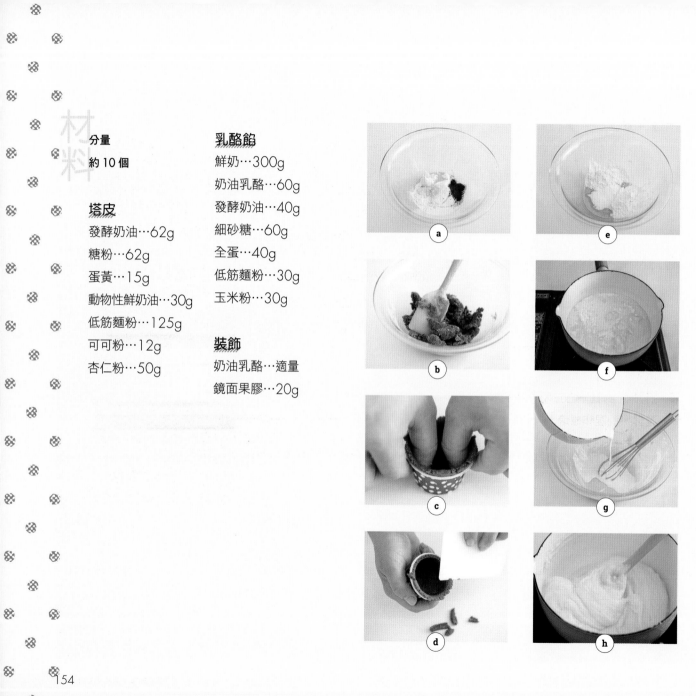

製作塔皮

a 烤箱預熱。奶油置於室溫,加入糖粉、蛋黃、動物性鮮奶油、低筋麵粉、可可粉、杏仁粉。

b 將步驟 **a** 拌勻成糰。

c 取約 30g 的麵糰,壓入杯子內。

d 削去多餘的麵皮,排列於烤盤,備用。

製作乳酪餡

e 細砂糖、全蛋、低筋麵粉、玉米粉拌勻備用。

f 奶油乳酪置於室溫,與牛奶、發酵奶油混和煮滾。

g 將步驟 **f** 沖入步驟 **e**。

h 攪拌後回煮至畫一條線不會流下的濃稠狀。

組合

i 乳酪餡冷卻 10 分鐘,放入擠花袋,擠入塔皮中。

j 裝飾用的奶油乳酪以手剝塊,擺在乳酪餡上方。

k 放進預熱好的烤箱上層,以上火 230℃／下火 240℃ 烤 10 分鐘,轉盤調頭,再烤 8-10 分鐘。出爐放涼後,刷上鏡面果膠裝飾。

i

j

k

加入牛奶糖的巴斯克乳酪

卻一點都不黏膩

巴斯克乳酪
Basque Cheese Cake

材料

分量

直徑 15.5cm 高 4cm

模 1 個

乳酪麵糊

動物性鮮奶油…250g

蜂蜜…20g

牛奶糖…80g

奶油乳酪…200g

香草醬…少許

全蛋…100g

蛋黃…20g

作法

a 烤箱預熱。取直徑 15.5cm 高 4cm 固定
模，鋪上兩層烘焙紙。

b 動物性鮮奶油、蜂蜜、牛奶糖加熱拌勻
至融解為全液狀，成為牛奶糖鮮奶油液，
備用。

c 奶油乳酪置於室溫，加入香草醬，拌勻。

d 分次加入全蛋、蛋黃拌勻。

a

b

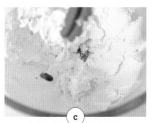

c

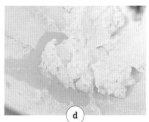

d

作法

e 加入牛奶糖鮮奶油液，攪拌均勻。

f 選用網目細一點的篩網過篩。

g 乳酪麵糊倒入模具內，放入預熱好的烤箱，以上火230-250℃／下火100℃，水浴法烤約 25-30 分鐘。

h 出爐後放涼即完成。

水浴法為將烤模置於外盤中，並於外盤加入冷水，約至烤模高度的 1／3 處，如此烘烤出來的乳酪蛋糕較為濕潤，表皮也較不易破裂。

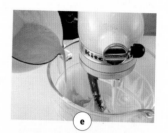

e

f

g

h

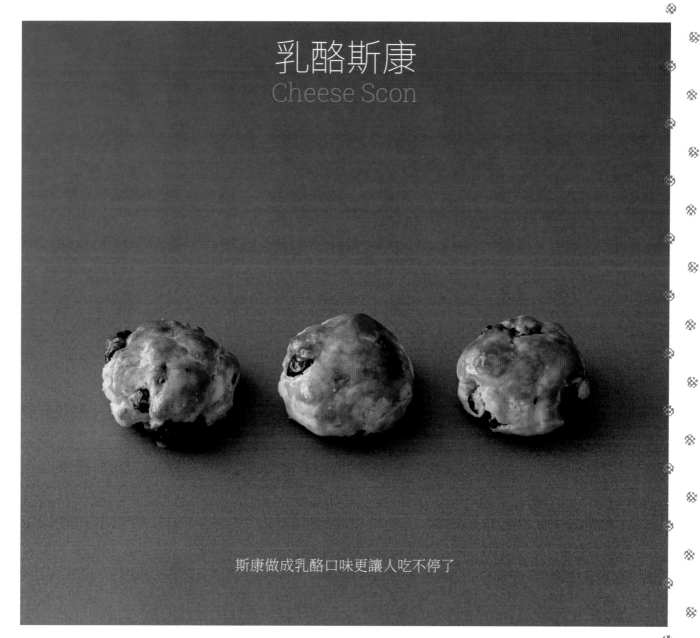

乳酪斯康
Cheese Scon

斯康做成乳酪口味更讓人吃不停了

材料

分量
約 20 個

麵糰

發酵奶油…60g

奶油乳酪…120g

上白糖…60g

糖漬柳橙皮…2g

鹽…1g

牛奶…30g

動物性鮮奶油…30g

中筋麵粉…200g

泡打粉…5g

蔓越莓乾…100g

草莓酒…50g

蛋黃…適量

作法

a 預熱烤箱。發酵奶油、奶油乳酪置於室溫;蔓越莓乾與草莓酒混和煮至收乾,備用。

b 將奶油乳酪與上白糖、鹽攪拌均勻。

c 加入軟化發酵奶油、糖漬柳橙皮拌勻。

d 加入牛奶、動物性鮮奶油拌勻後,加入中筋麵粉、泡打粉攪拌。

e 攪拌至還有一些粉粒時,加入蔓越莓乾,拌勻後放入冰箱冷藏鬆弛 30 分鐘。

f 整型:取約 30g 麵糰,搓圓後輕壓,排列於烤盤。

g 麵糰上覆蓋一張烘焙紙。

h 再取另一烤盤於上輕壓。

i 表面刷上蛋黃,靜置 1 分鐘後,再刷第二次。

j 放進預熱好的烤箱,以上火 220℃／下火 120℃烤 10-15 分鐘,轉盤調頭後以上火 150℃／下火 120 ℃烤 5-7 分鐘,出爐後放涼即可食用。

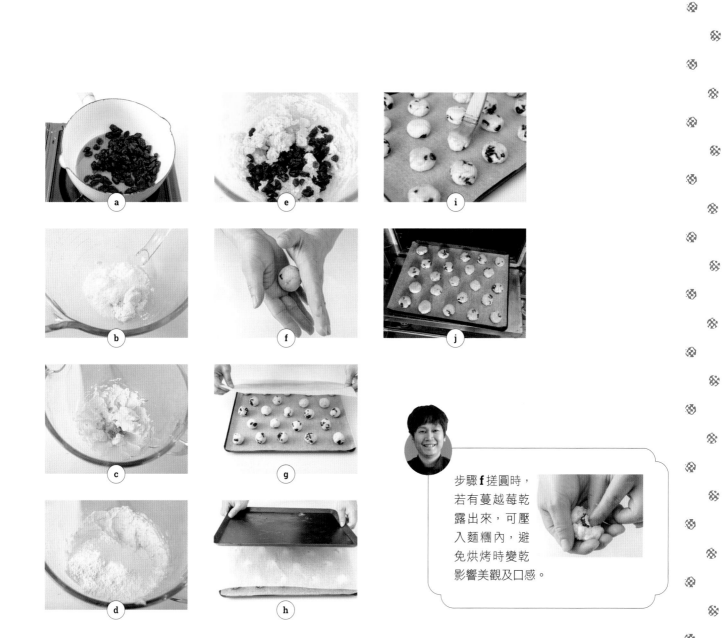

步驟 f 搓圓時，若有蔓越莓乾露出來，可壓入麵糰內，避免烘烤時變乾影響美觀及口感。

生乳酪蛋糕
No Bake Cheese Cake

材料

分量

6 吋慕斯模 1 個

餅乾底

奇福餅粉…66g

發酵奶油…36g

糖粉…5g

藍莓果醬…40g

乳酪餡

牛奶…88g

柳橙皮…4g

香草醬…少許

砂糖…16g

奶油乳酪…100g

檸檬汁…15g

吉利丁片…5g

打發動物性鮮奶油…180g

君度橙酒…15g

裝飾鮮奶油

動物性鮮奶油…100g

砂糖…6g

防潮糖粉…適量

鏡面果膠…適量

這款乳酪蛋糕好可愛

是不是捨不得切下第一刀呢

製作餅乾底

a 融化發酵奶油至液狀，加入糖粉、奇福餅乾粉拌勻。

b 先將透明圍片放入 6 吋慕斯模內。

c 再放入攪拌好的奶油餅乾屑，以擀麵棍壓實。

d 以一圈一圈同心圓的方式，擠入藍莓果醬後，放入冰箱冷凍 15 分鐘。

製作乳酪餡

e 吉利丁泡冰水 30 分鐘，備用。

f 奶油乳酪放置室溫，加入砂糖拌勻後再加入檸檬汁拌勻。

g 牛奶、柳橙皮、香草醬加熱至 60℃，加入吉利丁片拌勻。

h 分三次倒入步驟 **f** 的奶油乳酪中，拌勻。

i 過篩後加入 180g 打發鮮奶油及君度橙酒，拌勻即成乳酪餡。

組合

j 將乳酪餡倒入鋪好餅皮的模具中。

k 敲幾下、刮平上方後，放入冰箱冷凍 1 小時。

l 動物性鮮奶油與砂糖混和打發（見 P.30 打發鮮奶油），擠在乳酪蛋糕上，輕拍出不規則紋路後。

m 表面均勻撒上糖粉。

n 脫模後點上鏡面果膠即完成。

乳酪馬芬
Cheese Muffin

偷偷藏了新鮮藍莓的乳酪馬芬是不是讓人很驚喜

分量

約 14 個

麵糰

奶油乳酪…100g

發酵奶油…60g

沙拉油…60g

砂糖…80g

海藻糖…40g

鹽…1g

全蛋…50g

優格…80g

中筋麵粉…150g

泡打粉…2.5g

新鮮藍莓…150g

酥菠蘿

奶油…20g

糖粉…20g

低筋麵粉…20g

製作酥菠蘿

a 冷藏過的發酵奶油與糖粉、低筋麵粉以剁切的方式混和，放於冷藏備用。

製作麵糰

b 烤箱預熱。使用於麵糰的發酵奶油、奶油乳酪置於室溫；將奶油乳酪、砂糖、海藻糖、鹽拌勻。

c 加入軟化的奶油、沙拉油攪拌均勻。

d 加入全蛋、優格攪拌均勻。

a

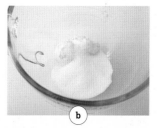
b

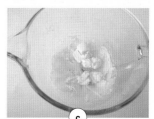
c

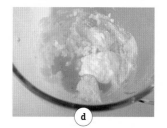
d

e 加入中筋麵粉、泡打粉拌勻。
f 拌入新鮮藍莓拌勻。

組合

g 將麵糊放入擠花袋，擠入杯子模具內，
一個約擠入 50g。
h 表面撒上酥菠蘿。
i 放進預熱好的烤箱，以上火 180℃／下
火 150℃ 烤 20-25 分鐘。
j 出爐後放涼。

步驟 f 加入藍莓攪拌時，攪拌至藍莓
有些出色即可，若藍莓很熟，一攪就
破了，若是買到不夠熟的藍莓，也可
以先切一切，拌進麵糊才會產生自然
的色澤。

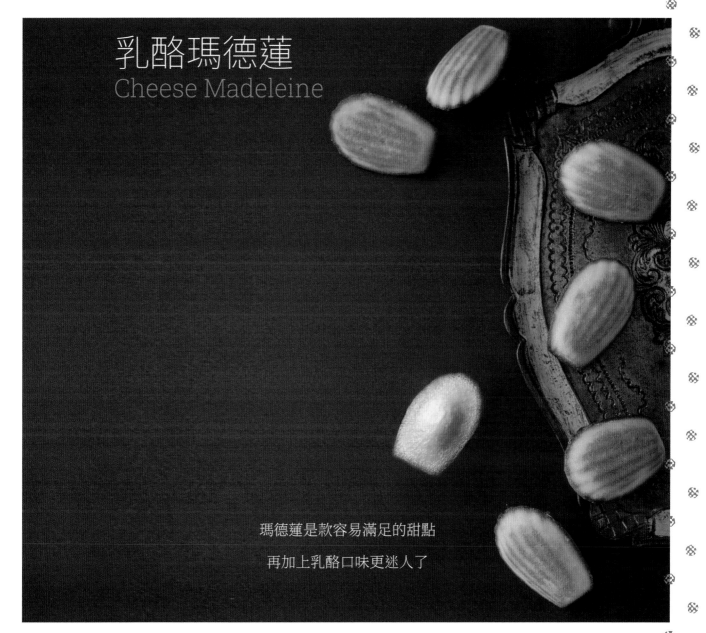

乳酪瑪德蓮
Cheese Madeleine

瑪德蓮是款容易滿足的甜點

再加上乳酪口味更迷人了

分量

約 10 個

麵糊

奶油乳酪…30g

砂糖…25g

海藻糖…10g

轉化糖…5g

全蛋…80g

蜂蜜…5g

香草醬…少許

低筋麵粉…62g

泡打粉…2g

發酵奶油…50g

沙拉油…30g

糖漬柳橙皮…35g

高筋麵粉…適量

a 烤箱預熱。奶油乳酪置於室溫,與砂糖、海藻糖、轉化糖拌勻。

b 加入蜂蜜、香草醬拌勻,接著分 2-3 次加入全蛋,拌勻。

c 加入低筋麵粉、泡打粉拌勻。

d 沙拉油、發酵奶油入鍋一起煮至 60℃,加入麵糊中拌勻。

e 拌入糖漬柳橙皮後,靜置 1 小時,讓成分更確實密合在一起。

f 模具刷上發酵奶油(分量外)。

g 倒入高筋麵粉。

h 讓模具均勻沾染後再將多餘的麵粉倒掉。

i 利用擠花袋將靜置過的麵糊擠入模具內。

j 敲一敲使其平均,放進預熱好的烤箱下層,以上火 200℃／下火 220℃烤 13 分鐘,出爐後放涼。

黃金乳酪是一款

拿出絕不會被打槍的基本款口味

大家試試看吧

金黃乳酪起司條
Golden Stick Cheese Cake

材料

分量

20×20cm 模具 1 個

餅乾底

奇福餅乾粉…114g

發酵奶油…72g

糖粉…20g

乳酪麵糊

奶油乳酪…500g

砂糖…160g

香草醬…少許

全蛋…200g

無糖優格…200g

蜂蜜…40g

玉米粉…26g

檸檬汁…20g

製作餅乾底

a 融化發酵奶油至液狀，加入糖粉、奇福餅乾粉拌勻。

b 取 20×20cm 模具，周圍噴烤盤油。

c 置於烤盤內，鋪入攪拌好的奶油餅乾屑，以擀麵棍壓實。

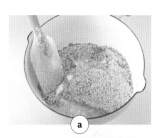

a

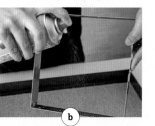

b

c

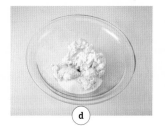

d

製作乳酪麵糊

d 烤箱預熱。奶油乳酪置於室溫，加入砂糖、香草醬拌勻。

e 加入無糖優格、蜂蜜拌勻後，分次加入全蛋拌勻。

f 加入玉米粉、檸檬汁拌勻。

g 乳酪麵糊倒入鋪好餅乾底的模具中。

h 以刮刀將步驟 **g** 抹平。

i 將水倒入烤盤，放入預熱好的烤箱。

j 以上火250℃／下火130℃，水浴法烤約20分鐘。

k 放入置有模具的烤盤，出爐後放至冰箱冷藏 1 小時後脫模。

l 切去不規則的邊再切成條狀。

乳酪流心塔
Half Baked Cheese Tart

咬一口就流餡任誰都不能抵擋它的魅力

分量
約 10 個

塔皮
發酵奶油…107g
糖粉…38g
鹽…0.5g
全蛋…33g
杏仁粉…38g
低筋麵粉…78g
高筋麵粉…78g

乳酪餡
動物性鮮奶油…88g
無糖優格…44g
玉米粉…3g
奶油乳酪…143g
馬士卡邦乳酪…77g
上白糖…55g
檸檬汁…11g

製作塔皮

a 烤箱預熱。發酵奶油置於室溫，，加入糖粉、鹽拌勻。

b 加入杏仁粉拌勻後，分 2-3 次加入全蛋，拌勻。

c 加入低筋麵粉、高筋麵粉拌勻。

d 放入冰箱冷藏鬆弛 30 分鐘後，取糰按壓入蛋塔模內。

e 再以刀子削齊邊緣。

f 以叉子在塔皮上戳洞。

g 取直徑 10cm 的圓形烘焙紙，周圍剪開。

h 鋪在塔皮上。

i 再放上重石或豆子。

j 放進預熱好的烤箱，以上火 200℃／下火 200℃，烤 10-15 分鐘，移除紙跟豆子，轉盤調頭，以上火 180℃／下火 180℃，烤 10-15 分鐘，至金黃色。

k 出爐後放涼。

l 脫模，備用。

製作乳酪餡

m 奶油乳酪置於室溫，加入馬士卡邦乳酪、上白糖拌勻。

n 動物性鮮奶油、無糖優格、玉米粉拌勻後加熱煮至濃稠，加入步驟 **m** 乳酪糊拌勻，再加入檸檬汁拌勻。

組合

o 將乳酪餡擠入塔皮內，放入冰箱冷凍 2 小時。

p 表面刷上蛋黃。

q 冷凍 10 分鐘，再刷第二次蛋黃。

r 放進預熱好的烤箱，以上火230-250℃／下火 100℃，烤 10-15 分鐘。

m

p

n

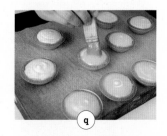
q

o

r

100% Pure Milk From New Zealand

特級香濃 烘焙指定專

100%紐西蘭純淨乳源

官網

FB

奕瑪國際行銷股份有限公司 網址：buy.healthing.com.tw TEL：0800-077-168

紅牛® RED COW® Since 1965

業奶粉

RED COW MILK
紅牛全脂奶粉
RED COW FULL CREAM MILK POWDER
好香好濃 天然營養
乳粉含量100%
原產地紐西蘭

●紅牛全脂奶粉1kg

ISO22000及HACCP雙重驗證

讀者專屬優惠

凡至紅牛奶粉官網購買
全脂系列奶粉輸入折價券
代碼BOOK92即可享**92**折
（至2020/12/31止）

易烘焙 DIY EZbaking

易烘焙 讓烘焙料理變容易！

讓第一次烘焙料理，輕鬆上手。

我們有應有盡有的達人分享會，還有平板 DIY。

 透過行動條碼加入 LINE 好友
請在 LINE 應用程式上開啟「好友」分頁，
點選畫面右上方用來加入好友的圖示，
接著點選「行動條碼」，然後掃描此行動條碼。

ezbakingdiy@gmail.com

106 臺北市大安區信義路四段 265 巷 5 弄 3 號　0984-345-347 ／ 241 新北市三重區捷運路 19 巷 6 弄 20 號 2 樓　0984-345-347

熟成 的 菓 子

作　　　者——張為凱、張修銘
主　　　編——王俞惠
文字整理——張容慈
行銷企劃——倪瑞廷
裝幀設計——NO ONE
全書攝影——Handin Hand Photodestgn 璞貞奕睿影像
妝　　　髮——劉羽諾
烘焙助理——葉曼仙、趙玉梅、陳富涵、黃瓊瑤、朱佩姍
　　　　　　許雅慧、潘逸群、羅惠貞、蔡欣儒
拍攝場地提供——易烘焙 DIY EZbaking

第五編輯部總監——梁芳春
董　事　長——趙政岷
出　版　者——時報文化出版企業股份有限公司
　　　　　　108019臺北市和平西路3段240號3樓
　　　　　　發行專線—（02）2306-6842
　　　　　　讀者服務專線—0800-231-705・（02）2304-7103
　　　　　　讀者服務傳真—（02）2304-6858
　　　　　　郵撥—19344724 時報文化出版公司
　　　　　　信箱—10899臺北華江橋郵局第99信箱
時報悅讀網——http://www.readingtimes.com.tw
電子郵件信箱——yoho@reading times.com.tw
法律顧問——理律法律事務所　陳長文律師、李念祖律師
印　　　刷——勁達印刷有限公司
初版一刷——2020年9月25日
定　　　價——新臺幣450元
（缺頁或破損的書，請寄回更換）

熟成的菓子：職人配方大公開，42款家庭小烤箱也能做出來的人氣餅乾╳蛋糕捲╳乳酪點心 / 張為凱, 張修銘著. -- 初版. -- 臺北市：時報文化, 2020.08
192面；21.5*19公分
ISBN 978-957-13-8279-1(平裝)

1.點心食譜

427.16　　　　　　　　　　109009167

ISBN 978-957-13-8279-1
Printed in Taiwan